Beretta

東京運將

TOKYO Taxi Drivers

人人出版

序

正因為在「計程車」這樣的日常生活中，才藏有許多故事。

「將某人送達某處」是計程車司機的工作。然而，計程車有著別於單純交通方式的獨特空間。在偶然搭上的計程車上，乘客和司機同樣面向前方，視線互不交集，時而閒話家常，時而沉默不語。因為下車之後可能就再也不會見面了。

計程車司機的世界不像藝人或運動選手那樣地華麗絢爛。但是，計程車無論何時、何地都能夠搭乘，正因為在如此的日常生活中，才藏有許多故事。

計程車司機每天都與數十位一輩子可能只會見到一次的乘客相遇，在他們之中，有許多魅力十足的人們。

本書是由11位新秀攝影師貼身拍攝，

hoto/ Aoki Chieko

包含「想開設自己店鋪的20餘歲女性」、「前日本撞球冠軍」、「自戰亂逃至日本的阿富汗人」等29位現任計程車司機的紀實寫真書。

在書中還另外以專欄的形式，介紹計程車業鮮為人知的一面，如計程車的由來、經營技巧、業界規則、計程車專業用語錄等等。

無論是否經常搭乘計程車，若讀者能透過本書，感受計程車的魅力、加深對計程車的興趣，就再好也不過了。

photo/ Suzuki Yoshinori

空車
空車
空車
空車

hoto/ Suzuki Yoshinori

チェッカー

photo/ Valeria Mancini

62-05

photo/ Suzuki Yoshinori

東京計程車小常識

在日本要在哪裡招計程車呢？

在車站或是觀光景點附近通常會有計程車在排班。但沒有排班計程車時，也可以在路邊等候空的計程車。但還是以車站前或是觀光景點附近的計程車乘車處比較好，因為日本的計程車不會在十字路口停車載客的，定點是比較好的選擇。

此外，日本計程車的後方車門是自動門。不論是開門或是關門計程車司機都會為客人服務。在計程車搭乘處乘車時只需要靠近車門，車門自動打開後就可以直接上車，千萬不要去拉開車門！

搭乘日本計程車的基本禮貌

在日本搭乘計程車有幾個需要注意的禮貌

①日本計程車內外基本上都很乾淨

計程車司機穿著正式乾淨，而且都會戴著白色的手套。有登機箱時不論大小，都放在後方行李廂內比較好。以免放在後座弄髒計程車內。

②不需要付小費

日本不管在哪都沒有付小費的習慣，因此搭乘計程車時不需要付小費。

東京的計程車資降價了（東京23區、武藏野市、三鷹市）

東京的起跳車資2017年2月時由730日圓降到了410日圓，短程搭乘更加方便便宜囉。

只要注意以上幾點的話，相信各位遊客在日本搭計程車就沒有任何問題了。

STORY 1

重要的是平日一點一滴的累積
前日本撞球冠軍的營業主任

竹下展生（八南交通股份公司）

攝影、撰文／鈴木芳則

「計程車司機若要提升營業額，『重要的不是單次價格，而是累積載客次數』。」48歲，現任東京都八王子市的八南交通股份公司營業主任的竹下展生這麼告訴我。

竹下先生在新人教育時必定告訴大家，「不管是一次或兩次，只能儘量累積載客次數。在沒人幫助你的情況下，無論是尋找解決方法或是放棄，都是自己的選擇。想偷懶的話，當然可以偷懶。就看你是否能夠每日勤奮不懈並積極行動。」這些話無疑是因為他了解一點一滴累積努力的重要性。

他於學生時代自福岡前往東京，畢業後透過朋友介紹，在葛飾區的撞球店工作。在此之前雖然完全不懂撞球，但因需要陪客人對打，而每天努力練習撞球。隨著每天的練習，實力逐漸增強後，便至全國各地出賽，不知不覺中，已將成為職業選手作為目標。

「成為職業選手的大前提，是必須在業餘賽拿到冠軍。雖然我認為我可以通過職業選手測試，但能否在業餘取得冠軍，在成為職業選手之後有很大的差別。」

日本與英國和美國不同，現況是職業撞球選手很難靠比賽獎金生存下

竹下先生說，工作時的樂趣是「能夠和乘客去各種地方」，困擾則是「熟睡不起的乘客和跑長程時的如廁問題。」

去。如果要把撞球當作職業，必須累積實績來獲得企業贊助。

1996年，竹下先生於日本全國業餘大賽內閣總理大臣杯順利榮獲冠軍，在各地的大賽中也不斷獲勝。他的實力之強，連當時的撞球專門雜誌也數次刊登他比賽時的照片以及專訪報導。然而，儘管如同目標獲得冠軍，最後卻沒找到企業贊助。考慮到家人，苦惱思索後，決定放棄職業撞球選手之路，並選擇留在他工作的撞球店，擔任公司替他準備的集團內4家店鋪的總管理者一職。

後來，撞球依然風行，撞球店也順利展店。竹下先生指導下屬如何撞球，有許多人在業餘賽中取得冠軍，也有人選擇成為職業選手。但數年後撞球風氣消退，撞球店業績惡化，營業規模逐漸縮小。開始撞球18年之後，他在辭職的同時，也決定自撞球選手引退，轉行為計程車司機。

現在，竹下先生成為計程車司機已經超過6年。「計程車司機這種工作是完完全全的服務業，保持精神良好、禮儀端正是非常重要的。另外還必須加上熟悉地理狀況。」即便手上的撞球桿換成了方向盤，面對工作的真摯態度依然不變。

竹下先生也參加了八南交通公司的棒球隊。棒球隊成員約有20人，每

與愛貓歐馬利合照。

個人都賣力地練習、參加比賽。
西東京地區有許多計程車公司擁有棒球隊，每週進行組合對戰。
「計程車司機必須要擁有能工作到晚上的體力，所以我也有在跑步喔。」
高中時代曾參加棒球隊的竹下先生，揹著0號背號，睽違30年，讓我們看到他在棒球場上的全力奮戰。
「撞球時期為了獲得第一而努力不懈。我認為一個禮拜只練習兩三次的人，和只有一個小時也每天持續練習的人進步程度有所差別。計程車的工作不也是如此嗎。」
撞球、計程車、業餘棒球……。從竹下先生身上深切地感到，無論什麼事情，都腳踏實地不斷持續努力，全力以赴加以應對的態度是非常重要的。

八南交通棒球隊比賽。

COLUMN 1

誕生超過100年！日本的計程車歷史

計程車在現代雖是相當平凡的交通方式，然而計程車在日本首次出現是在1912年（明治45年），距今已經超過100年了。

在當年的7月10日，計程自動汽車股份公司成立於東京市麴町區有樂町（現在的東京都千代田區有樂町），8月5日開始營業，共有6台車，車型為福特T型。

當時以上野站與新橋站作為據點營業，不巡迴攬客。費用計算方式為一開始的1哩（約1．6公里）60錢，此後每1哩加上10錢。以當時山手線1個區間5錢、紅豆麵包1個約2錢的時代來推算，可以知道當時的計程車是較現代更為昂貴的交通工具。

後來計程車普及至全國，1921年時以巡迴攬客作為營業方式的計程車也出現了。

第二次世界大戰時，為了確保軍用石油，禁止巡迴攬客，後來使用石油也被禁止了。當時，政府整併計程車公司，將東京原約60間公司整併為大和、國際、帝都、日交4間。

第二次世界大戰結束後，汽車普及至一般大眾，出現了白牌計程車（無營業資格的計程車）與人稱神風計程車的莽撞駕駛、拒絕載客等計程車。計程車近代化中心（現在的計程車中心）因而成立，包含實施計程車司機登錄制度等，至今致力於提升服務品質。

誕生超過一百年，隨著時代變化發展至今的日本計程車，今後也將持續維繫人們的交通吧。

STORY 2

給予顧客附加服務
嶄新的計程車型態

高田耕太郎（日立汽車交通第二股份公司）

攝影、撰文／瓦萊里．曼西尼　谷崎裕子

在日本最大的城市——東京，淺草和皇居、東京晴空塔等名勝因眾多觀光客而熱鬧非凡。在這樣的東京觀光全新型態之中，東京觀光計程車現正受到注目。日立汽車交通第二股份公司的計程車司機高田耕太郎，就是其中一人。

高田先生在成為計程車司機之前曾從事各種工作。原本繼承了位於淺草的和服店家業，卻在泡沫經濟時歇業。後來，高田先生也做過旅館內的服飾租借以及汽車銷售工作，最後進入現在的計程車公司。

日立交通為日本交通集團的關係企業，其計程車的車輛顏色，不是黃色就是黑色。若要駕駛黑色計程車，必須累積駕駛經驗、在接待顧客與營業業績上擁有優異表現，然後取得黑色計程車司機的資格。另外，高田先生所駕駛的，是在日本交通集團3200輛車中僅有4輛，車頂燈上的櫻花標誌為粉紅色的黑色車輛。乘坐日本交通集團的計程車時，不妨注意一下車頂燈上的櫻花標誌是藍色或粉紅色。

他的興趣為登山，休假時會去爬山、騎著最喜愛的機車和朋友一同觀光旅遊等，個人私下的生活也十分充實。另外有時也會跑到自家附近的居酒屋。

日立自動車交通
タクシー乗務員
パート乗務員・年金受給者・女性歓迎
0120-14-6660
(足立)
足立500
え 32-34

他雖喜好飲酒，但一定不會妨礙隔天的工作，尤其確實執行酒精管理。依規定，每次工作時有必須接受酒精檢測的義務，如果酒精檢測值結果不是0，就無法駕駛計程車。而且因為要服務顧客，也會注意不要得到一般感冒和流行性感冒。

高田先生是「東京觀光計程車認定司機」。這代表著他通過了「東京城市導遊檢定」、「友善無障礙司機研修」、「東京觀光計程車認定司機研修」等三項檢測與研習。要通過這些項目，不但要具備言談措辭、修養儀態等服務知識，還包括東京歷史與街道等觀光相關知識、輪椅的使用方法等，必須具備廣泛的知識與技能。

東京觀光計程車的服務可以配合顧客的要求與時間設計行程。也因為能夠針對當天天候等狀況隨機應變，所以能比觀光巴士更機動地自由觀光。此外也會介紹一般旅遊書上沒有的歷史及文化小知識，或介紹熱門人氣商店。偶爾有一些歷史愛好者和熟悉文化的客人會詢問高深艱難的問題，因此必須持續學習吸收知識。

高田先生說，「為了使搭乘的客人滿意，總是想提供客戶更多的服務。而我之前工作所累積的經驗，也使我能夠因應顧客的瑣碎要求」。

主管的女兒手工製作的酒精檢測吹嘴袋。

4016

司機不單單只是開車，透過提供各式各樣的服務以滿足顧客的東京觀光計程車，或許會成為嶄新的計程車型態。

2020東京奧運的歡迎別針。

4016
Super Deluxe
CROWN
足立500
え 32-34

COLUMN 2

日本的計程車服務世界第一
計程車的未來型態

根據旅遊網站「TripAdvisor」的調查，東京在世界所有都市中「旅遊滿意度」高居第一，原因之一是「計程車服務」。其實不只東京，說日本計程車的品質是世界最佳也不為過吧。

和其他國家相比，日本計程車最大的優點在於安全性。若在外國搭乘計程車，司機可能將乘客帶到沒什麼人的地方，然後奪去財物。另外，司機向旅客過度索求金額之類的事件也屢見不鮮。這種事情在日本是不可能發生的吧。

此外，日本的計程車十分乾淨，不只車內，車身沒有傷痕也是很正常的。但在其他國家，可能會看到計程車車體傷痕累累，滿布汙泥，車內也髒亂不堪。

尤其，最大的差異在於服務乘客的品質。言談措辭是基本要件，包含前面提到的整潔感、更換材質更纖細的坐墊等，許多計程車司機將顧客的感受當作最重要的事。而在其他國家也幾乎看不到自動開關的車門。

另外，最近有一些計程車公司兼營觀光導遊的觀光計程車服務，也有為了2020年東京奧運的到來，而致力於提升英語與國際禮儀的計程車公司。往後的日本計程車將變得更便利、更加多樣化吧。

或許生活在日本的話不容易發覺，但計程車服務或許是日本應該引以為傲的文化之一。

STORY 3

從事富士・山中湖導覽的2位女性計程車司機

堀內フサ子（共和計程車有限公司）
宮下 秀（共和計程車有限公司）

攝影、撰文／鈴木芳則

山梨縣的山中湖，仰望著坐落一旁的世界遺產——富士山。山中湖週邊是熱門的旅遊景點，可騎自行車、划船、釣魚、健行等，以各種方式盡情暢遊。除了戶外休閒娛樂之外，包含溫泉及手工藝工坊、時尚餐廳等，像是觀光景點會有的東西這裡都應有盡有。在這裡擁有別墅的政客與電視播報員、運動選手等名人，經常自東京搭乘計程車來到這裡，據說別墅區內的道路盤根錯節，需要非常熟悉路況才能順利抵達想去的地方。

位於山中湖畔的共和計程車有5位司機，公司氣氛就像在家一般輕鬆。共和計程車經營著富士・山中湖的觀光導覽以及當地交通業務。山梨縣郡內地區（東部富士五湖地區）的女性計程車司機共有3人，其中2人就隸屬於共和計程車，分別是堀內フサ子與宮下秀。

身為前輩的堀內小姐高興地說：「女性司機不但增加了，還能夠一同工作，覺得非常開心，也感到振奮。」晚輩的宮下小姐則對前輩寄予信賴，「堀內小姐非常勤勉努力，原本擔任公車導覽員就已經對這個地區瞭若指掌，現在仍然持續學習。我也不能夠輸給她」。

計程車業中男性司機占壓倒性多數，但也有不少事情是女性司機才做得到的。聽說從前曾讓被雨淋成落湯雞的女性乘客在車內更衣，像這種事情如果換作男性駕駛，即便多麼關心乘客也難以辦到。另外，也曾經和乘客聊天聊到最後，乘客啜泣著請教了私人的問題，可能因為聽者是女性而卸下心防了吧。

47歲，山梨縣富士吉田市出身的宮下小姐說：「山中湖是我的母親出生、成長的地方，我也自小就熟悉並親近這塊土地。」3年前，她因為想要宣傳故鄉，而成為共和計程車的司機。

她笑著說：「我的風格是走健康活潑的搞笑路線。我會想向客人說一些既有趣又無厘頭的話，就算人家叫我不要講話。」聽說當顧客抵達目的地下車之後，說「好有趣」的人比說「謝謝」的還多。

有許多觀光客都詢問她：「哪裡能夠吃到當地的美味料理？」「為了能告訴客人『真是好吃！』而不是『聽說還不錯』的餐廳」，她親自到當地各個餐廳吃飯。

然而如此開朗的她，在成為計程車司機之前也吃過不少苦。她曾因椎間盤突出而接受2次手術，4年前離婚，現在是單親媽媽，和21歲和17歲的2個小孩一起生活。「我在經歷人生重大分歧之後進入這間公司。

宮下秀（左）與堀內フサ子（右）。

顧客對我都非常好，所以一點也不辛苦。」她最感到高興的，是乘客當中有對年邁夫婦，希望她在2天的旅程中，不僅僅只是開車，更能在各個目的地陪伴他們。

「就算只多1個人，我也想讓更多客人了解這塊土地四季的不同魅力。那也算是對故鄉的報恩。」

宮下小姐抱持著這份想法，持續服務著大家。

「由於當時女性司機還相當少，所以被當成寶一般對待。」堀內小姐是資歷超過20年的資深駕駛。到學生時代為止，她都生活在故鄉新潟縣佐渡島，後來進入富士急行公司，在山梨縣擔任公車導覽員。由於冬季時觀光巴士的生意變淡，後來在報紙上看到徵人啟事而跳進計程車司機這個行業。

剛成為司機時雖會感到緊張，現在她則盡情地與乘客交流，對於自己能有所貢獻而感到高興，「即使相處的時間非常短暫，也要儘可能恭敬地對待乘客。希望讓乘客在短程旅途上也能感到舒適自在。」另外，「雖然我有好幾張別墅區的地圖，但我儘可能把它們記在腦海」，她直到現在仍不斷努力向上、積極工作。

宮下小姐的車內清潔工具組。

20年來曾接送無數乘客的堀內小姐，印象中最深刻的是，有位認為富士山全年都覆蓋著雪的客人問道：「那是富士山嗎？」「我們用類似茄子色的深紫色，來表現夏天時的富士山，是帶有紫色的熔岩顏色。夏天過後，從山腳下還可看到山上的落葉松樹的樹葉逐漸染黃。」如此說明的堀內小姐口吻著實穩健，不得不讓人回想到她曾擔任公車導覽員。

3月中旬，堀內和宮下小姐帶領我參觀山中湖週邊。

「春天時，那邊山上的斜坡上會實施燒山。到處都可以看見火焰和煙霧。到了秋天，又會長滿一整片芒草，是個使人感覺神清氣爽的地方。」

堀內小姐如此說著，然後駛至湖東側高地的觀景台。自明亮廣闊的草地上放眼望去，可見雄偉的富士山。日本第一的自然風景實在引人入勝。

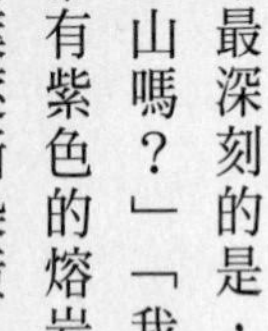

堀內小姐推薦「不動」餐廳的「餺飥」，是以蔬菜與味增等所烹調而成的烏龍麵類料理。

共和
MT. FUJI EXPRESS
KYOWA
TAXI
LAKE YAMANAKA

CROWN

CROWN

注意營業區域
計程車司機拒絕載客的原因

你是否曾經攔下計程車，告訴司機目的地後，卻被司機拒絕搭乘，並說：「因為這裡不是營業區域，所以無法讓您搭乘」呢？一般來說，若沒有特殊原因，計程車司機無法拒絕載客。甚至若是在趕時間的時候被司機如此拒絕，可能會怒罵「什麼營業區域？我不知道啦，你想拒絕載客是嗎！」但其實在這件事上，計程車司機並沒有錯。

依日本道路運送法規定，計程車載客的出發與目的地其中之一，必須要在營業區域範圍內。假如營業所位於澀谷區，那麼營業區域就是東京都23區、武藏野市與三鷹市。

假設在營業區域之內的東京車站攬到客人好了。除了營業區域內，還可到千葉縣的成田機場、橫濱車站，說得誇張點甚至可以到大阪。將客人送達成田機場後，回程也可以再載想要前往東京巨蛋的乘客。因為目的地在營業區域之內。但若假設從成田機場返回東京時，攔車的客人要去千葉車站或橫濱車站的話，因為出發地和目的地都在營業區域之外，所以必須拒絕載客。

你或許會想，如果乘客和司機彼此心照不宣不就好了？但因為現在有很多計程車都搭載有GPS，所以能夠自動得知乘客上下車的地點。

也就是說，由於本文開頭所提到拒絕載客的計程車來到了營業區域外，客人告知的目的地也在營業區域外，所以只能拒絕載客。但是，大部分的乘客都不知道有這樣的規則。所以在營業區域的邊界附近，顧客誤以為平白無故遭到拒載而怒罵司機的情況也不少……。

STORY 4

在加長型豪華轎車享受極致的鋪陳 見證回憶的喜悅

相馬直人（LIMOUSINE TAXI 股份公司）

攝影、撰文／鶴岡真

穿著晚禮服迎接乘客

巨型螢幕上，投映著要對情人訴說的話。沒錯，毫無疑問地就是求婚。他舉起手，眼前停著一輛白色加長型豪華轎車。由穿著晚禮服的司機護送，車子裡鋪著滿滿的紅色玫瑰。一生中難以忘懷的一天，現在正要開始。

駕駛著如此加長型豪華轎車的，是LIMOUSINE TAXI的司機相馬直人。18歲時從秋田到東京的相馬先生，曾擔任一般計程車的司機，現在則是租借加長型豪華轎車的司機。公司裡有兩位加長型豪華轎車司機，毋須多說，他們的接待技巧、顧客滿意度、業績和駕駛技術都十分優異。

他們的工作配合內容多以求婚、生日等紀念日為主，但近來也多了許多女性選擇在聚會時搭乘。車內布置也可依照顧客需求安排，備有玫瑰花瓣、心形氣球、各種適合紀念日的裝飾品。車內螢幕可放映自製影像，車內音樂可依照乘客神情、對話內容、從車窗看到的景色等，按照當時的狀況隨時變更。就像相馬先生所說：「我們非常重視讓顧客感受到有別於日常的不平凡。」每一個細微的用心之處，使得車內成為如同夢幻般的空間。

MOET

炎熱的夏天仍穿著晚禮服，也是使乘客感受非凡的鋪陳之一。東京都內有無數的豪華計程車司機，而穿著晚禮服營業的，只有相馬先生一人。

另外，若不是特別注意，可能不會發覺乘坐時的舒適感出奇的好。由於乘客會在車內飲食，因此不允許車身晃動，而採較為柔軟的懸吊系統設定，以吸收來自凹凸不平地面的衝擊。但也因此，剎車或操作方向盤時車體下沉幅度會變大，操縱穩定性也會變低。

再者，重達將近3噸的加長型豪華轎車所需的剎車距離也很長。因此，必須將最高時速控制在40公里，剎車時要在2個紅綠燈之前就先行準備，否則會來不及。相馬先生說：「第一次駕駛加長型豪華轎車的時候，時速超過30公里就恐怖得不敢再開。」如此，駕駛大型豪華轎車必須擁有高超的技術。

「能夠見證留下特別回憶的日子，是人生中非常珍貴的經驗。」

對於默默地帶給乘客舒適愉快的時間與空間的相馬先生來說，最大的回報就是乘客的笑容。您要不要也和重要的人一起在加長型豪華轎車內共度特別時光呢？

除了心形氣球之外，也提供各式各樣的布置。

一流司機的營業技巧①
掌握乘客動向

計程車司機的薪水幾乎都採抽成制。也就是說，自己的收入將依如何攬客、提升業績而定。

若漫無目的地在路上繞行，很難持續攬到客人。即便運氣好連續找到乘客，也不可能一直繼續下去吧。收入高的司機，會去分析什麼時候、去什麼地方會有很多乘客，還有什麼地點常出現長程乘客，以獲取穩定並高額的業績。

例如，平日中午搭乘計程車的，大多是因開會等緣故而外出的商務人士。這可說是因為一流企業的商務人士能用公司經費報帳，所以經常搭乘計程車吧。丸之內的商業辦公區有許多這類的人。另外，末班電車時段在終點站搭計程車的人也會增加。因為如果在接近電車停駛時間時，有很多人會先搭電車到距離自家較近的車站，然後再搭計程車回家。在其他公共交通便利的地點反而不容易攬得顧客。

若以距離來思考，據說旅館或機場等地有很多長程旅客。

然而，在乘客很多以及常出現長程旅客的地點，會有很多計程車巡迴，競爭也很激烈。即便乘客很多，等待客人的時間如果變長，收入也會變少，這也是需要牢記的一點。

總是掌握著在什麼時間、去什麼地方能夠攬得客人的司機，能夠保持穩定的業績並將之提高。

STORY 5

想要開設自己的店！朝夢想奔馳的計程車

矢川繪理（LIMOUSINE TAXI股份公司）

攝影、撰文／鶴岡真

據說計程車司機的平均年齡落在55~59歲。計程車司機這份工作吸收了許多即將退休或中高齡失業者，而逐漸邁向高齡化。但有位20餘歲的女性計程車司機正活躍在這般的業界之中，她就是隸屬於LIMOUSINE TAXI的矢川繪理。

矢川小姐出身於北九州。從料理類的專門學校畢業之後，為了謀求飯店餐廳的工作而前往東京，專長是法國料理。現在，如果有時間，她也會在廚房磨練手藝。包含高中時的打工，她擁有將近10年的烹飪經驗。不僅是她的乘客，連只是偶然瞥見她工作時的人們也紛紛詢問，為什麼矢川小姐會當計程車司機？

「我將來想要開設自己的店！」這是矢川小姐的夢想，也是她開計程車的原因。絕對不是因為對於烹飪感到厭煩，而是她自己摸索如何達成夢想後的結果。

矢川小姐的工作型態是做一休一。1次的工作時間最長為21小時，隔天休假。由於1次的工作時間很長，便能夠確保自由時間並將其集中起來，做有關烹飪的事。

矢川小姐為了開設自己的店，堅決進入計程車公司。但因為她原本是

在LIMOUSINE TAXI股份公司裡以綽號稱呼自己負責的車。午川小姐的車叫作巧克力。

LIMOUSINE TAXI

紙上駕駛，持有駕照卻沒什麼開車經驗，所以為了取得成為計程車司機所需的兩種證照和地理測驗時吃了一番苦頭。尤其是以道路名稱和地名、主要公共設施、公園、各名勝、古蹟、車站名稱等為題的地理測驗，是合格率50%左右的艱難關卡。她考了3次都沒通過，第4次才終於通過。另外還有公司指定的駕駛練習、陪同指導、待客指導等，在真正開始營業之前耗費了許多時間。

「剛開始開車的時候什麼都不習慣，非常辛苦。像是去到導航失靈的地方，還有以前不擅長看地圖，也曾經迷路過。甚至曾經在回神以後才發現開到了不知道的地方。」

另外也曾突然被酒醉乘客觸摸等，遭受只有女性才會遇到的恐怖經驗，因而多次心灰意冷。當時支持著矢川小姐的，是和她同時進入公司的同事們，以及聽了矢川小姐的話後，聲援她夢想的乘客們。在互相鼓勵、歷經辛勞之下，與夥伴間的感情逐漸加深，追求夢想的決心也更加堅強。

在以抽成制為主的計程車業界中，LIMOUSINE TAXI是日本第一間採固定薪資的計程車公司。另外，司機之間不使用無線電，而是用行動電話頻繁聯絡、交換營業資訊。因此，比起只和無線電播報員聯絡的一般計程車公司，這裡的司機彼此之間的情誼更加深厚。

現在，矢川小姐已然成長，將乘客告訴她的資訊作為知識累積起來，製作捷徑地圖、有效率的繞行時段、待客地點、休息時間等，不斷嘗試摸索，她拿著自己製作的專用手冊，積極努力地工作。

營業時，也有不少人特地招呼她，搭乘她的計程車。連本來因為對於年輕女性駕駛罕見而感到興趣才招呼她的乘客們，看到了她的工作表現，無疑也會感受到她的熱忱和誠實。

「雖然因為身為女性有許多辛苦的地方，但我非常高興，不管是搭計程車的乘客、或是不搭計程車的人們都聲援著我。我從司機夥伴們的鼓勵，以及和乘客們的相逢之中獲得力量。」

說不定在不久後的將來，就可以看到矢川小姐在司機夥伴們和常客們的光顧之下門庭若市的店裡大展身手。

矢川小姐愛用的菜刀和磨刀石。

COLUMN 5

計程車不去加油站？計程車燃料的秘密

我們印象中認為汽車的燃料就等於汽油，然而實際上，日本的計程車大多以液化石油氣作為燃料，其比例據說佔了95%。

相較石油，液化石油氣所排出的氣體當中有害物質少，稅制上的優惠措施也讓計程車業者使用液化石油氣較使用石油更為便宜。對每天長時間行駛車輛的計程車公司來說，那就是優點。

另外，關心環境保護也有助於提升業界形象。

但還有比上述更大的好處，在於保持引擎壽命持久。由於液化石油氣使用的是氣體，幾乎會完全燃燒。因此，很少發生汽缸壁機油稀釋的情況，引擎會完全潤滑而延長壽命。再加上可讓機油使用更久也是一項優點。

假設有這麼多優點，一般汽車應該也會逐漸改為液化石油氣車，但是液化石油氣車也有缺點。用於一般道路行駛時雖然沒有什麼問題，但是因為動力較汽油車小，聽說在陡坡和高速公路上加速時有可能會感到力不從心。再者，能填充液化石油氣的加氣站和加油站相比壓倒性地少。

雖然將來計程車有可能會替換為油電混合車，但短期內仍會維持計程車等於液化石油氣車的情況吧。

對於以車這樣高價的物品作為生財器具的計程車司機來說，延長車輛的壽命是非常重要的。

STORY 6

為尋求自我價值而投入計程車業界

濱名慶匡（東京ＭＫ股份公司）

攝影、撰文／瓦萊里・曼西尼　谷崎裕子

REE SPOT

黑色制服、與其成套的帽子再加上白色手套。MK計程車的司機濱名慶匡，以一看就知道是計程車司機的穿著迎接我們。他的笑容與沿著帽子可見的俐落短髮，令人留下十分清爽的印象。

濱名先生使人感到清爽的原因，是因為他在學生時代時投入運動。他出生、成長於兵庫縣，升學進入順天堂大學運動系。身為田徑選手，每天努力訓練、認真讀書。畢業後，濱名先生成為自己所設目標的大學講師及田徑競賽教練，曾在學校工作6年。

雖然濱名先生出社會後的人生看似一帆風順，之所以成為計程車司機，是因為他思考了身為男性、作為一位社會人士的「自我價值」。轉行時，他苦思到底什麼職業適合自己，最終的答案是計程車司機。在當了一年廣告業務員之後，30歲時進入MK計程車。

「計程車司機這份工作，不是只有開車技術好就行，包含與乘客的互動等，會由各種觀點來評價。另外，我也認為付出多少努力，就得到多少回報的抽成制很適合我。」

他在MK計程車公司裡的工作是負責載送預約乘客。和一般的計程車司機不同，他很少巡迴載客，也就是一邊繞行一邊尋找顧客，或在車站

接送機場乘客時以iPad確認飛機航班狀況。

TAXI

品川330
い・31

等地點等待乘客。

ＭＫ計程車最大的特徵在於接待顧客。禮貌的問候與措辭用語是必然的，連車門也是由司機親自開關。另外，車內車外都清潔地十分乾淨，乘坐起來感覺十分舒適。而且濱名先生所駕駛的凌志，後座設有按摩椅，可舒解身體疲勞。只要搭乘過一次，絕對會想要再次搭乘。

主要負責接送預約乘客的濱名先生，經常無法自由地調整行程。所以要去吃飯時，就要利用預約與預約之間的空檔。對於計程車司機來說，店內設有停車場是必要條件。「我常去築地附近的魚料理餐廳和路邊攤吃飯。雖說行程緊湊的時候我也會吃能量棒之類的東西簡單裹腹，然而因為計程車司機的工作特性，讓我有機會可以去各式各樣的餐廳，所以我也很享受用餐。」

濱名先生的工作，是連續4天從中午12點工作到晚上11點後，間隔2天的休假，然後連續4天從晚上12點工作到中午11點，接著再休息2天的輪班制。

「我最大的樂趣是和孩子們共度假日喔。」

身為計程車司機，在外工作跑遍大街小巷的他，回到家後也是3個孩

後座設有按摩椅

在路邊攤購買午餐

能夠召喚幸運的能量石手環，是濱名先生的老婆送給他的禮物。

子的好爸爸。她的老婆在千葉縣娘家的乳牛農場幫忙，濱名先生休假時也常帶小孩們去那裡。他們請我喝出貨前的牛奶，新鮮程度和在超市買的明顯不同，感覺似乎不喜歡喝牛奶的人也喝得下去。

從前，她的老婆也曾向他提出辭掉計程車司機的工作，到農場幫忙的想法。但考量到農業也會受到自然災害影響，收入可能不穩定，夫妻各自從事不同的工作比較好，而這也成為濱名先生持續開計程車的理由之一。

看著孩子們在廣闊的牧場上活潑奔跑，以及一家人一起幫忙照顧牛隻的樣子，彷彿瞥見了濱名先生駕駛計程車之熱情來源的秘密。

在牧場內活潑玩耍的濱名先生與孩子們

COLUMN 6

計程車司機的如廁情事①
把客人視為惡魔的時候

「可以上廁所的時候就去上廁所。」這是計程車司機研習時必定會被提醒的一句話。你或許會想，又不是在叮嚀去遠足的小孩，然而幾乎可說長期開計程車的司機都一定曾遭遇過關於上廁所的問題。

在大街小巷穿梭來往的計程車司機，所到之處不一定會有廁所。另外，雖然接送乘客途中不能去上廁所是理所當然的事，但有時尿意、便意突然湧上更是自然反應。因此，像是用餐後就在店裡上廁所，「能去上廁所的時候就去上廁所」是計程車司機的鐵則。

若在路途中要上廁所，就會去公園或公路休息站。聽說突然肚子痛之類的時候會去便利商店等地方借廁所，但在市中心也有很多店鋪沒有停車場。到了這種時候，計程車司機會比平常尋找乘客時更瘋狂地去找廁所。

還有更困擾的情況，是在往廁所去的途中被客人攔下。若是平時，對於乘客應該會感到高興，只有在這種時候實在高興不起來。不但無法拒絕載客，如果遇到長程乘客的話就太糟糕了。對於計程車司機來說，「想上廁所的時候偏偏遇到長程乘客」的情況，可說是屢見不鮮。

也有很多人為想省去上廁所的麻煩，在工作時不太攝取水分，或者避免吃冰淇淋等冰冷食物。其中還有人為了防範悲劇發生，穿著成人尿布工作。即使光看上廁所這件事，也能體會到計程車司機實在不是份輕鬆的工作。

STORY 7

以粉紅色豐田皇冠遞送真誠款待心意

鍋倉悟司（Royal Limousine 股份公司）

攝影、撰文／本山敏博

粉紅色的計程車，吸引了穿梭來往人群的目光。那鮮明的粉紅色彷彿英國人偶劇「雷鳥神機隊」中出現的潘妮洛普號。駕駛這輛粉紅色計程車的，是Royal Limousine的計程車司機鍋倉悟司。

1947年出生於日本最北邊的溫泉鄉——北海道豐富溫泉的鍋倉先生，原本從事紅酒與威士忌等洋酒進口事業。然而，泡沫經濟瓦解之後，高級商品的生意也變得難做。46歲時，他進入大型計程車公司，轉行成為計程車司機。之後，以「重視顧客與司機，提供前所未有優質服務的計程車公司」為目標，於2008年時與司機夥伴們一同獨立，成立「Royal Limousine股份公司」。

Royal Limousine最為重視「感謝」的心，並謹記著提供最為完善周到的服務，使乘客「還想再次乘坐」。除了普通車款，他們也購置了高級箱型車等車輛，用於載送一整家人來回成田機場而獲得好評。鍋倉先生所駕駛車體為粉紅色的限定款豐田皇冠，也是完善服務中的一環。

「乘坐粉紅皇冠的客人，許多是來拍紀念照片放在部落格和社群網站上的。」因為有很多人是在特別的日子搭乘，我們用心地讓這段車程能成為乘客的美好回憶，而不單單只是交通方式而已。

粉紅色皇冠很適合在紀念日等活動時搭乘。

ロイヤルリムジン

Royal Limousine
501

自宅後面的菜園。景色猶如出生的故鄉——北海道。

另外，鍋倉先生也接受過電視或廣播電台採訪，也曾有藝人為了在情人節分發巧克力而包車一整天，當時的照片被放上部落格，因而成為熱門話題。

假日時，他會在千葉縣自家的家庭菜園工作。他將自宅後方一塊草地以耕耘機坌成的蔬菜田裡，在裡頭以不使用農藥的方式栽培小黃瓜、番茄、青椒、玉米、芋頭、薤菜、南瓜、青蔥、蘿蔔等多種蔬菜。「家裡要吃的蔬菜幾乎靠這個菜園就可以解決。有時也會和附近的朋友們利用收成的蔬菜來辦芋煮會*喔。和孫子一起在田裡工作是我最大的樂趣。接下來的目標是利用網際網路，將沒有農藥的蔬菜提供給有過敏症狀的孩子們。」

駕駛計程車時，或在田裡耕種蔬菜時，都能從鍋倉先生身上感受到同樣的心情，那就是溫厚的態度與真誠款待的心意。

＊譯註：主要盛行於日本東北地區的季節性活動，家人或朋友等聚集在河邊或野外，一起煮芋頭火鍋來吃。

自宅後方的菜園。景色猶如出生的故鄉——北海道。

一流司機的營業技巧②
仔細確認電車營運資訊

計程車屬於昂貴的公共交通運輸方式。如果是乘坐電車，從東京23區中的其中一頭坐到另一頭，單程大約也不過500日圓吧。那幾乎可以去到東京任一個地方，而且還不到計程車的起跳金額。

此外，電車和公車遍佈東京所有地方，大約走個10、15分鐘，就會走到某個車站或公車亭。

而且，這些交通工具的班數很多，只要等幾分鐘或十幾分鐘就可以搭上。即因如此，除了有錢人和因某些緣故而需要搭計程車的人，平時搭乘計程車的人不多。

但相反來說，一旦特殊狀況發生，搭乘計程車的人就會增加。其中之一是電車停駛、誤點。當平時乘坐的電車停駛，搭乘計程車的人就會急遽增加。

平時車站的計程車乘車處等待乘客上門的計程車大排長龍，這時乘客爭先恐後、形成人龍的情況反成家常便飯。賺得到錢的時候穩穩地賺，也可說是一流司機的證明。

為了確保這種機會，必須透過收音機與網路仔細地確認電車營運狀態。最近推出了會自動通知電車營運狀態的智慧型手機應用程式，就有司機將這種軟體加以活用。

現代是資訊化的社會，能不能將這些資訊加以活用，對營業收入會產生很大的影響。即使是計程車司機的世界，能夠活用資訊的人，將從競爭中獲得最後的勝利。

STORY 8

在台場持續觀察著自然環境
凱蒂貓計程車

松原晴美（松原計程車）

攝影、撰文／鈴木芳則

只要看到車內空間，一眼就知道車主喜歡動物。因為從垃圾桶、蚊香、到車名標誌到處都可看到動物角色。「公會不允許彩繪車身，所以只在限制範圍內發揮囉。」個人計程車行松原計程車的松原晴美笑著說。身邊的人都稱之為「凱蒂貓計程車」。

松原小姐現年57歲，出身於與勝海舟*有著淵源之地——赤坂冰川町（現在的港區赤坂六丁目）。以東京都墨田區為據點，主要在台場、灣岸地區一帶經營。她的老家舊址是「不論是爺爺奶奶，還是爸爸和叔叔伯伯，以前大家都讀過」的舊冰川小學，她是道地的江戶人。

成為計程車司機是在1991年，松原小姐34歲時。當時聽收音機廣告在招募女性司機而進入太陽汽車公司。「太陽汽車似乎認為個人能力不因男女性別而有差異。太陽汽車的女性司機很多，經常有30～40人。」目前在東京經營個人計程車行的女性司機約有80人，其中約有10人就出身於太陽汽車。

松原小姐笑著說，計程車司機的工作樂趣，「那就是看著計費表的數字一直往上跳吧。但是泡沫經濟瓦解之後，進公司約第五年時，工作條件就逐漸惡化，便開始想要自己開業。由於開設個人計程車行，需符合無事

*譯註：日本幕末開明政治家，亦是江戶幕府海軍負責人，晚年於赤坂冰川町度過。

(人個)
交通共済
IXAT ARABUSTAM
1433

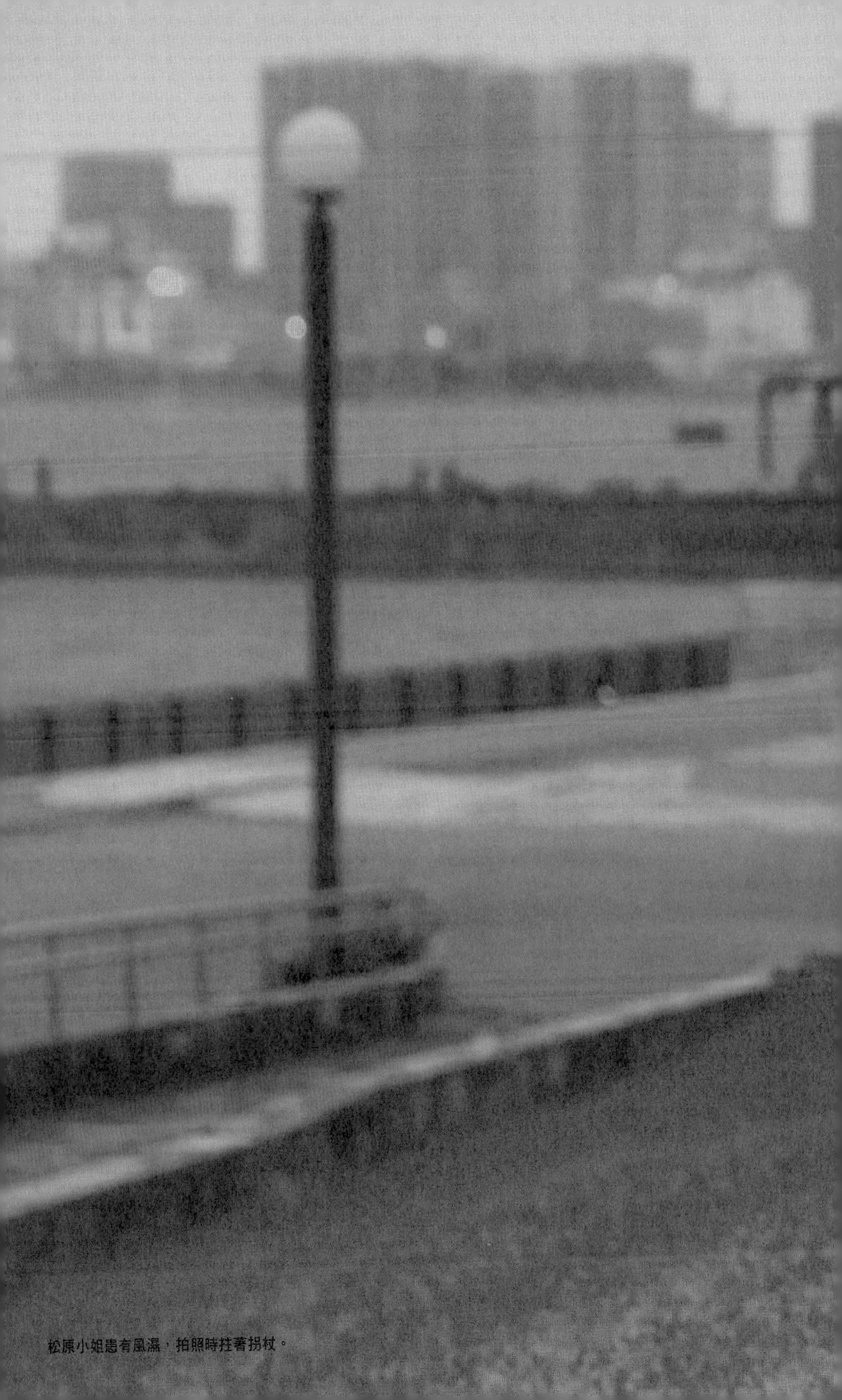

松原小姐患有風濕，拍照時拄著拐杖。

故、無違規的條件，所以就先無視營業額，盡力保持安全駕駛。」她在太陽汽車工作了10年，現在則是開設個人計程車行的第12年。

她常在台場觀察鳥類、植物和天空。在早上的待機時間，坐在駕駛座上，把切成小塊的麵包放在後照鏡上，麻雀就會飛過來吃。她說：「牠們也有自己的個性喔，有的會依附在鴿子腳邊，鎖定走路時掉下來的麵包，有的會嚇得讓開。」並把當下的情景拍攝下來。

松原小姐對於動植物和天體的知識也很豐富，「那顆路樹叫做楊梅。掉下來的果實雖然有蟲在上面，但是如果已經變成木頭就可以吃喔」、「由於能看見水星的機會很少，如果不特別留意的話，一輩子都看不到吧。只有從離太陽一個拳頭的角度能夠看到」、「砲台遺跡那邊有很多橡實。如果把松鼠放在那裡不知道會怎麼樣」、「我好喜歡大井碼頭那裡成群的吊車，好像長頸鹿一樣。」像這樣，聊天過程中她不斷地聊到有關動物的話題。

在每天工作結束後的傍晚，松原小姐會去買1袋隔天早上要給麻雀吃的麵包。那已成為她每天的功課。

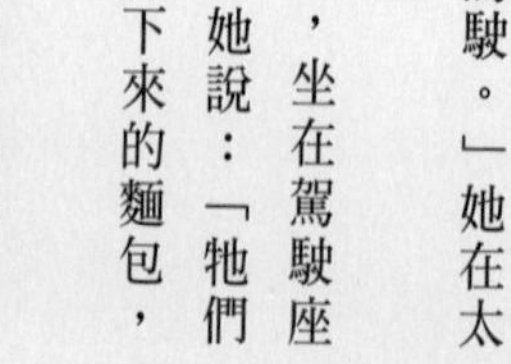

車身後方裝著「HELLOKITTY」的標識。

車上有很多動物玩具布偶

COLUMN 8

門檻很高？
個人計程車行的開業之路

每個人都曾經看過計程車車頂燈上有著大大的「個人」2個字。如您所知，這代表個人計程車的意思。

概略來說，法人計程車的司機是在計程車公司工作的上班族，而個人計程車的司機則是司機兼社長的自僱業者。

由於計程車司機的薪水基本上是抽成制，法人計程車公司的司機只能拿到營業額的一部份。工作時間也是由公司決定。但是，個人計程車行可在自己喜歡的時間工作，營收也全進自己口袋。聽到這些可能會覺得，如果要開計程車，絕對是開個人計程車行比較好。然而，要開設個人計程車行絕對不是簡單的事。

大致來說需要符合以下條件。①未滿65歲。②包含計程車在內的駕駛工作經驗達10年以上。③申請日前3年無發生事故、無違規。④在所申請的營業區域內居住超過一年。⑤準備約200萬元日幣的開業資金。

除了以上條件，還有關於合格駕駛診斷與車庫證明等較細的條件。符合上述條件的人能夠參加個人計程車行的資格測驗。

儘管開業，個人計程車行也有他們的辛苦之處。從前在法人計程車行由專人負責的車輛、保險、會計、稅務等事務，現在都必須親自處理。

個人計程車行的司機，都是克服了高標準，除了駕駛工作之外還處理眾多業務的超級司機。

STORY 9

將乘客的感受置為首位
療癒系計程車司機

伊澤隆（Royal Limousine 股份公司）

攝影、撰文／瓦萊里・曼西尼　谷崎裕子

計程車與公車及電車不同，有兩人長時間待在車內密閉空間的可能，此即足以說明計程車司機的個人特質是非常重要的。Royal Limousine的計程車司機伊澤隆擁有令人印象深刻的柔和笑容，是能夠療癒人心的司機。

他出生於製造業街區——東京都大田區。原先在銷售金屬模具零件與機械工具的公司上班。然而，由於經濟景氣持續惡化，業務來往的工廠一間間地倒閉。伊澤先生便於此時轉行成為計程車司機。

「當時我的孩子即將要升高中，我要養家，沒有時間慢慢找工作。但現在我開計程車也已經超過10年，以結果來說，我認為這是份適合我的工作。」

幾年過後，我受以前服務的計程車公司同事，也是現任Royal Limousine股份公司關社長的邀請，進入現在的公司。伊澤先生基本上負責深夜時段，從深夜兩點半開始工作，以接送深夜回家的上班族為主。或許是由於他的個人特質，聽說指定他接送的常客也不少。

乘客的要求當中，也有些很特殊的要求，例如「開上首都高速公路，行駛彩虹大橋繞東京一圈」、「開東京灣跨海公路繞東京灣一圈」、

半年無事故、無違規而獲得的獎品

Royal Limo
空車
足立300
あ 91-27

「想去成田機場看飛機」、「用一天時間來回群馬縣兩次」、「開到鎌倉請你吃飯」等等。

Royal Limousine董事關先生也拍胸脯保證說：「即使去載送要求很多的顧客，或是其他司機無法好好接待的客人，他也能完善地因應。獲得乘客讚賞『坐上他的車就會自然地微笑』的伊澤先生，是無法輕易被取代的。」

早上10點半工作結束之後，一邊談天說笑，一邊親自清洗車輛是每天的功課。回到千葉縣的自家約為下午2點。

「工作時，用餐很容易變得不規律。多虧內人在家苦心思慮營養，幫我準備飯菜，我才能健康地工作。」

休假時和老婆一起去千葉縣的谷津干潟散步，像極了伊澤先生會做的事。

總覺得乘坐在伊澤先生的車上使人平心靜氣。「關於營業額等等，是我們自己的事情，對於顧客來說毫不相干。我們最重視的是讓乘客舒適地乘坐。」如果要在每一天的結束坐車回家，這個空間或許再適合不過了。

洗車用的掃除用品。

工作結束後，洗車是每天的功課

Royal Limo

Royal Limo

COLUMN 9

隱藏在車頂燈的秘密
紅燈閃爍代表有事件發生

計程車的外觀中最具特色的，就是車頂上的車頂燈。車頂燈是計程車的象徵，例如日本交通以櫻花花瓣作為設計，東京無線以東京鐵塔為主體加以構思等等。

實際上，車頂燈除了表示公司名稱之外，還有重要的功用。也就是當捲入計程車搶劫等犯罪事件時用來告知車外的人。司機按下按鈕後，車頂燈會閃爍紅光，同時原本顯示「空車」、「載客中」的狀況表示板會變成「SOS」、「求救」等字樣。

那麼，那個按鈕到底在哪裡呢？據說這會影響安全所以不能公開，但是應該會在能不引起犯人注意而悄悄地按下的地方吧。

令人感到意外的是，車頂燈一開始是以告知車外有事件發生為目的，在1950年左右開始裝上的。後來才加上公司的名稱，變成現在的模樣。

有人可能會覺得如果周圍的人不知道「車頂燈紅光閃爍＝事件發生的暗號」，不就沒有意義嗎？但是東京的計程車司機有10萬人以上，只要不是什麼人煙稀少的地方，就會有人發覺。

除此之外，例如阻擋駕駛座與後方座位的防盜隔板、大音量的防盜警報器、防盜監視器等計程車防盜對策，現正年年強化之中。也許是防盜對策的效果有所發揮，計程車搶劫的數目呈現減少趨勢，2008年時有196件，到2012年時減至113件。

每天在車內密閉空間，計程車司機以載著互不相識的乘客為業，除了安全駕駛之外，還要耗費苦心以各種措施保護自己的安全呢。

STORY 10

在向陽之處尋獲
計程車司機這份天職

加納保夫（STADIUM交通股份公司）

攝影、撰文／鶴岡真

「至今歷經千辛萬苦，甚至曾經認為已經掉到地底深淵。但在那種時刻，總是不可思議地有人向我伸出援手。幸虧有那些人的幫助，才能夠有今天的我。」

STADIUM交通的計程車司機——加納保夫談論著人與人之間關聯的重要性。

加納先生出身於北海道，17歲時進入神奈川縣的汽車相關企業工作，但才待5年左右便辭職了。後來，大約每隔5年，便往返於東京與北海道，反覆著就業與辭職的人生。喜歡和人接觸的他，主要選擇的是餐飲業的工作，其中幾乎所有工作都是透過朋友介紹的。第二次返回北海道時，他34歲，並且結了婚。他的人生看似因擁有家庭而穩定下來，卻只維持了10年即宣告結束。離婚後，他為了逃避般而再次前往東京。

「當時沒有地方可以去，有一段時間一直住在膠囊旅館裡。」

在如此糟糕的情況下，他透過偶然認識的人介紹，進了建築相關行業。往後10年，由於公司內部的人事調動，落腳於神奈川縣橫濱。但在55歲時，因為把身體搞壞了而難以再繼續工作。

辭掉工作、有了多餘時間的加納先生，散步途中順道行經公園，在陽

14-57

STADIUM KOTSU
TAXI
港北455

光滿照之處坐下，眺望風景。他想，該怎麼辦，不得不好好想想接下來的生活。

「你好好考慮上次跟你說來我們這邊的事吧。」

最近在公園裡認識的男性這麼問他。那位男性原本是附近的計程車公司STADIUM交通的司機。

現在，加納先生是以新橫濱為中心營業的計程車司機。

「就算開多久也不會累。我喜歡車也喜歡開車，感覺到了這個歲數才好不容易與我的天職相逢。」

每天精神奕奕地工作，過著充實生活的他，目前有5年的開車資歷。本人謙虛地說還只是新手。

我們不知道人生的轉機會在什麼時候、什麼地方降臨。就像有人散步途中順道行經公園，就在那裡邂逅了自己一生的工作。加納先生重視每位坐上自己車上的乘客以及和計程車公司同事之間的連結，無疑是對偶然地相遇以及人們的溫情表達感謝之意。

加納先生也常常載送乘客到日產運動場

橫濱宇宙世界遊樂園的大摩天輪。這附近也是加納先生的營業範圍。

計程車業慢性人手不足？取得第二類駕照的費用由公司負擔

若要成為計程車司機，必須取得第二類駕駛執照（二類駕照）。二類駕照是以客運汽車運送旅客的執照，簡單來說，就是像計程車或公車等，透過運送乘客獲得金錢時所需的執照。

附帶一提，即使是駕駛計程車或公車，如果是維修、交車等車上無乘客的狀況，只要擁有第一類駕照就可以駕駛。

取得第二類駕照所需的費用約為25萬日元，聽說有許多人雖然有興趣擔任計程車司機，但是因為沒有第二類駕照而放棄了。然而，幾乎所有公司都會在員工進入公司後，負擔取得駕照的費用。

而且許多公司還會在取得駕照前1週左右，將此當作研習期間，支付日薪1～2萬日圓左右的薪資。但聽說若由公司支付取得二類駕照的費用，要簽約至少為公司服務2、3年。

如果要說計程車公司為什麼會幫司機負擔這筆費用，就是因為計程車公司必須使公司所屬車輛維持營運，才會產生營業利益。司機不夠的時候，能否迅速遞補將會對公司營收產生巨大衝擊。

正因為慢性人手不足，計程車業敞開大門歡迎大家加入。但是新進人員很多，也就代表著離開的人也很多。若考慮轉行成為計程車司機，應該牢記如果沒有相當的覺悟，是沒辦法勝任這份工作的。

STORY 11

和每位乘客的相逢一生只有一次 盡情駕駛計程車的女性司機

輪島真理（輪島計程車）

攝影、撰文／藤原祥子　天川夏希

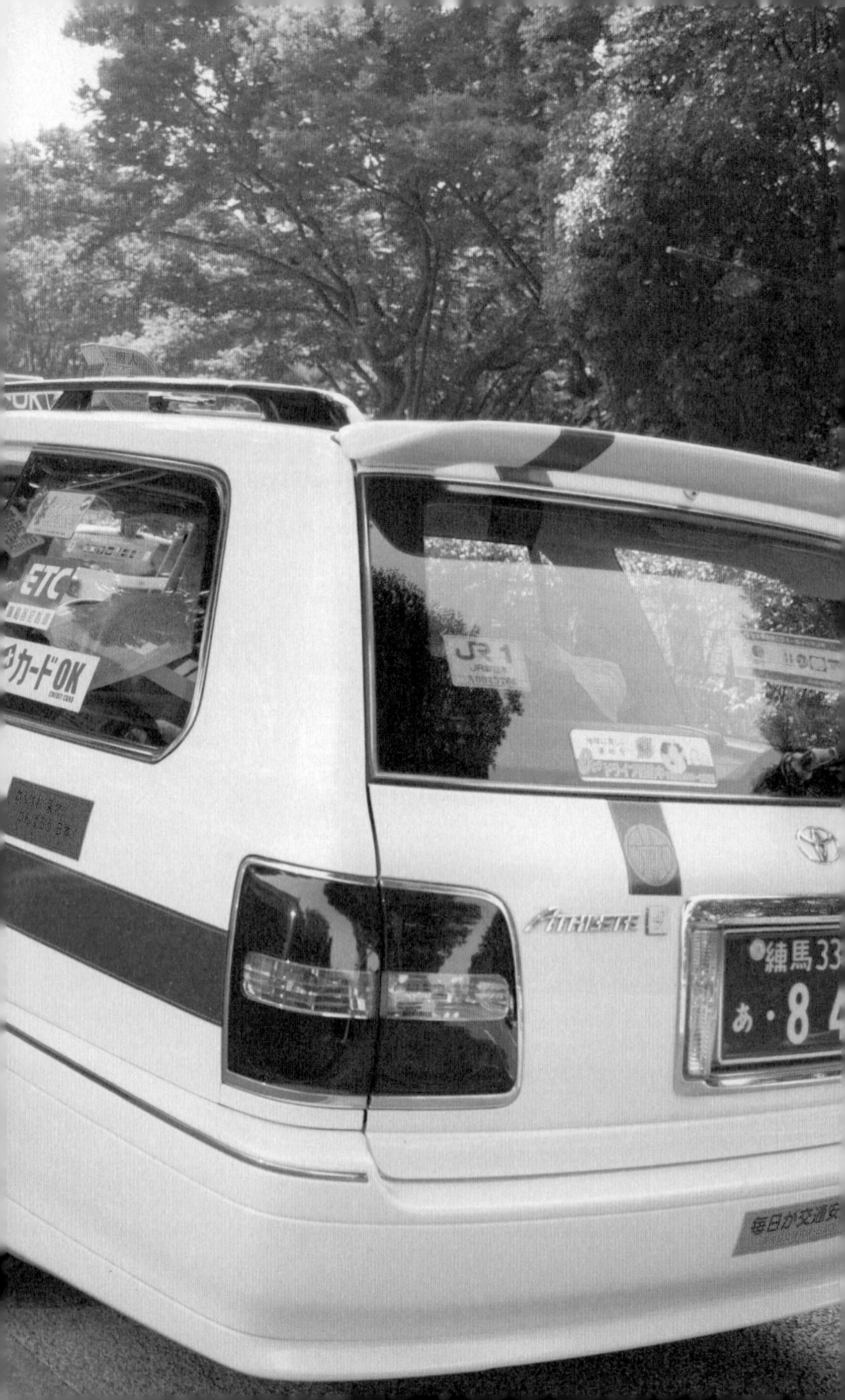
ETC
カードOK
練馬33
あ・84
毎日が交通安

輪島小姐的車是旅行車。車牌號碼840為日語「輪島（ワジマ）」的諧音。

計程車司機這份工作男性佔壓倒性多數，女性司機非常罕見。其中，有位受歡迎的女性司機，受歡迎到讓人在車輛來來往往的澀谷十字路口上尋找，看她會不會經過。她就是個人計程車行輪島計程車的輪島真理。經歷受雇於計程車公司的日子之後，她開設了個人計程車行，每天開著自己的旅行車帶給乘客歡笑。

「和如果沒當計程車司機大概就不會相遇的人單獨地交談，有時對方還會向我說『謝謝』。沒有比這更有意義的工作了。」

計程車司機這份工作的魅力在於「和乘客的關係」，與乘客間的交流對話，可說是一生一次的難得際遇。

「因為在車子裡面不但不會和乘客面對面，對於乘客來說，計程車也只不過是偶然搭上的，所以他們可能認為之後不會再見面了。但有時候正因此才能暢所欲言。乘客在我的車上整理心情，豁然開朗地下車，我也很高興。」

輪島小姐認真地聽客人說話，或許因此緣故，乘客經常與她討論煩惱。相反的，如果遇到昏昏欲睡的乘客，她駕駛時會盡量注意避免振動；如果客人說剛剛唱完卡拉OK要回家，她會說「請注意保養喉嚨」，然後遞給客人糖果。如此細微的顧慮，只有女性才做得到。

「有時候傾聽客人的煩惱給予意見，也有時候默默地安靜駕駛。以這層面來說，就好像占卜師或是幽靈一般的計程車司機吧。」

談論計程車業界時的輪島小姐神采飛揚，「如果要在羽田機場的計程車乘車處依序等待乘客，車牌號碼最後的數字是奇數還是偶數，必須和當天日期相同」、「有很多女性司機以語呂合*1的方式，將自己的名字對應到車牌號碼，例如『ミヤコ↓385』、『ナオミさん↓703』」*2等等，她一開口話就停不下來。她自己也以諧音將名字對應車牌號碼「840↓ワジマ」。她笑著說：「若客人因看到車牌知道是我而感到安心，我會很高興。」

談論著計程車時的輪島小姐，可從他的雙眼某處感受到溫暖，並了解她正快樂地投入工作。如此的態度，或許也是乘客們想乘坐她計程車的原因。「一定要和客人快樂地相處啊，是吧！」她純真地笑著，繼續駕駛著她的旅行車。

*譯註1：一種以類似發音表達不同字句的文字遊戲。

*譯註2：日語中ミヤコ與385、ナオミさん與703皆為諧音。

輪島小姐的個人計程車行能夠成功，很大原因歸於她的個人特質。

計程車司機的如廁情事②
東京都裡的熱門公共廁所

如同先前談到的，計程車司機必須隨時注意廁所在哪裡。計程車司機所使用的地圖標記有公共廁所的位置，為隨時能夠確認附近的廁所位置而備。

但計程車司機也並非總是快要受不了了才去上廁所。有時間的時候，也會選自己喜歡的地方。也就是說他們已經將幾個自己喜歡的廁所記在心裡，到了附近的時候就在那邊上廁所。

熱門公共廁所的條件有幾個，包括交通方便、能夠停車、使用起來感覺舒適等等。尤其是能不能停車是非常重要的關鍵。如果糊里糊塗地就把車子停在路邊去上廁所，然後因為禁止停車被取締的話就虧大了。

「澀谷區區公所前　廁所診斷士的廁堂」是很多計程車司機聚集的熱門廁所之一。這間在2009年時由廁所清潔管理公司取得命名權的廁所，不論日夜都有計程車司機來使用。採訪當天，只在廁所前面待了10分鐘，就有3位計程車司機出入。

之所以成為熱門廁所，是因為相較於特別跑到超商或餐廳，到公共廁所比較不用在意他人臉色，尤其是這間廁所乾淨到令人懷疑它不是公共廁所。

也有不少計程車司機至此休息、和偶然遇到的司機聊工作聊到欲罷不能。「廁所診斷士的廁堂」可能已經成為在東京忙碌奔波的計程車司機們休息的場所。

STORY 12

想為年長者盡一份心力觀光照護計程車

福田容子（東京SAKURA）

攝影、撰文／谷崎裕子

在據說4個人當中就有1個人是65歲以上的日本現代社會。其中，有位以身障者、需要照護、需要協助，以及在單獨狀態之下便難以使用公共交通設施的人作為對象，經營照護計程車的女性司機活躍著。她是東京SAKURA的負責人福田容子。

福田小姐為東京都品川區出身。高中畢業後，到美國的大學專攻美術。畢業返國後，活用在美國所學的技能，從事市場行銷與業務等工作。由於喜歡和人交談以及駕駛汽車，因而轉行成為觀光豪華計程車司機。後來又辭掉工作進入照護學校。

「我是由爺爺帶大的，所以從前就喜歡和年長的客戶聊天。儘管力量微薄，也想為年長者盡一份力，因此想學習照護。」

經過實習、取得照護員資格後，福田小姐於2013年成立觀光、照護計程車公司「東京SAKURA」。乘客上下車時，由身為照護員亦為司機的福田小姐親自協助。

除了照護員之外，她還持有東京城市導遊、綜合旅行業務管理者的資格，擁有豐富的東京觀光知識。另外，她也精通英語和西班牙語，所以不只日本人，她也能提供同樣的服務給外國觀光客。因此，除了常客，

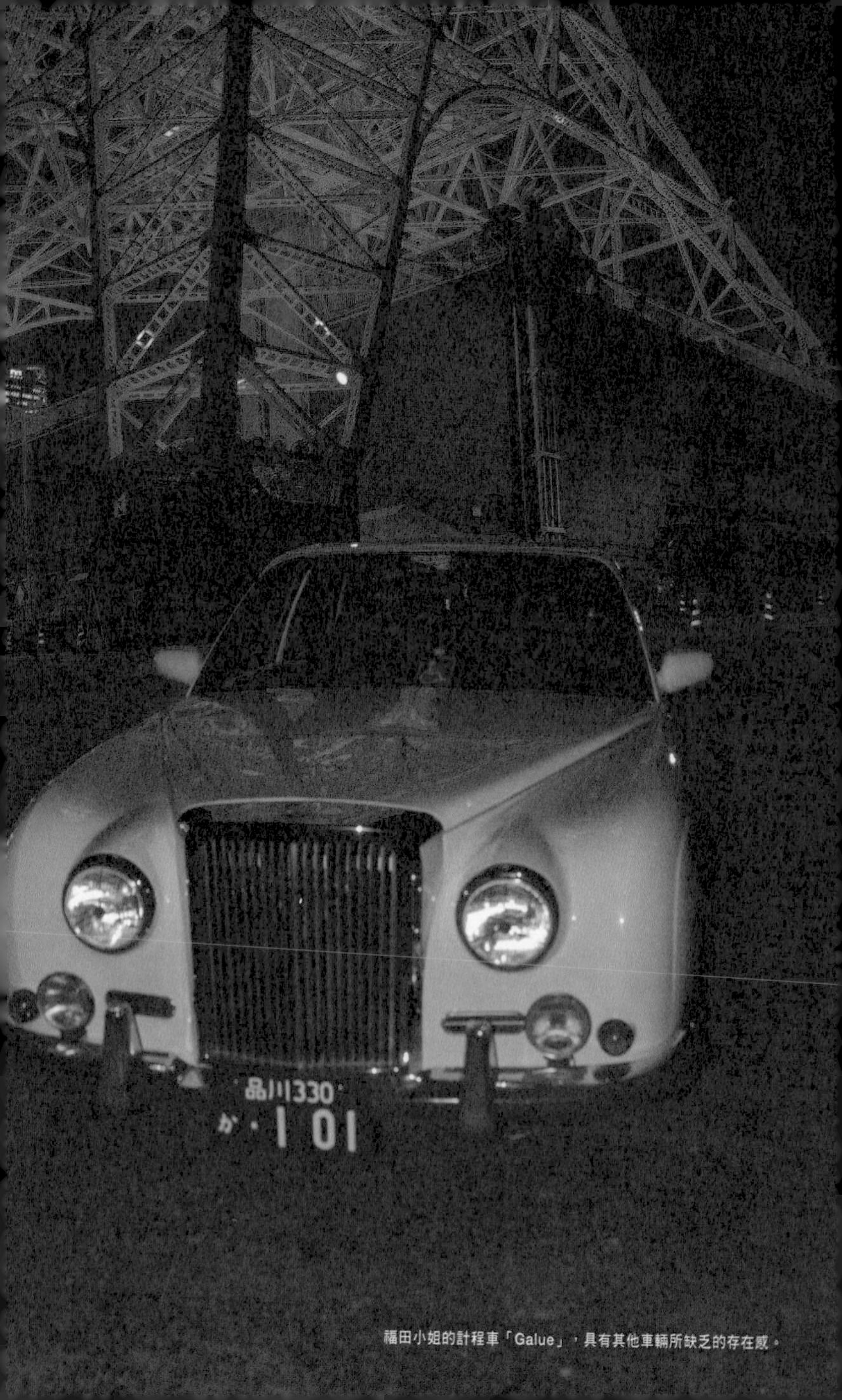

福田小姐的計程車「Galue」，具有其他車輛所缺乏的存在感。

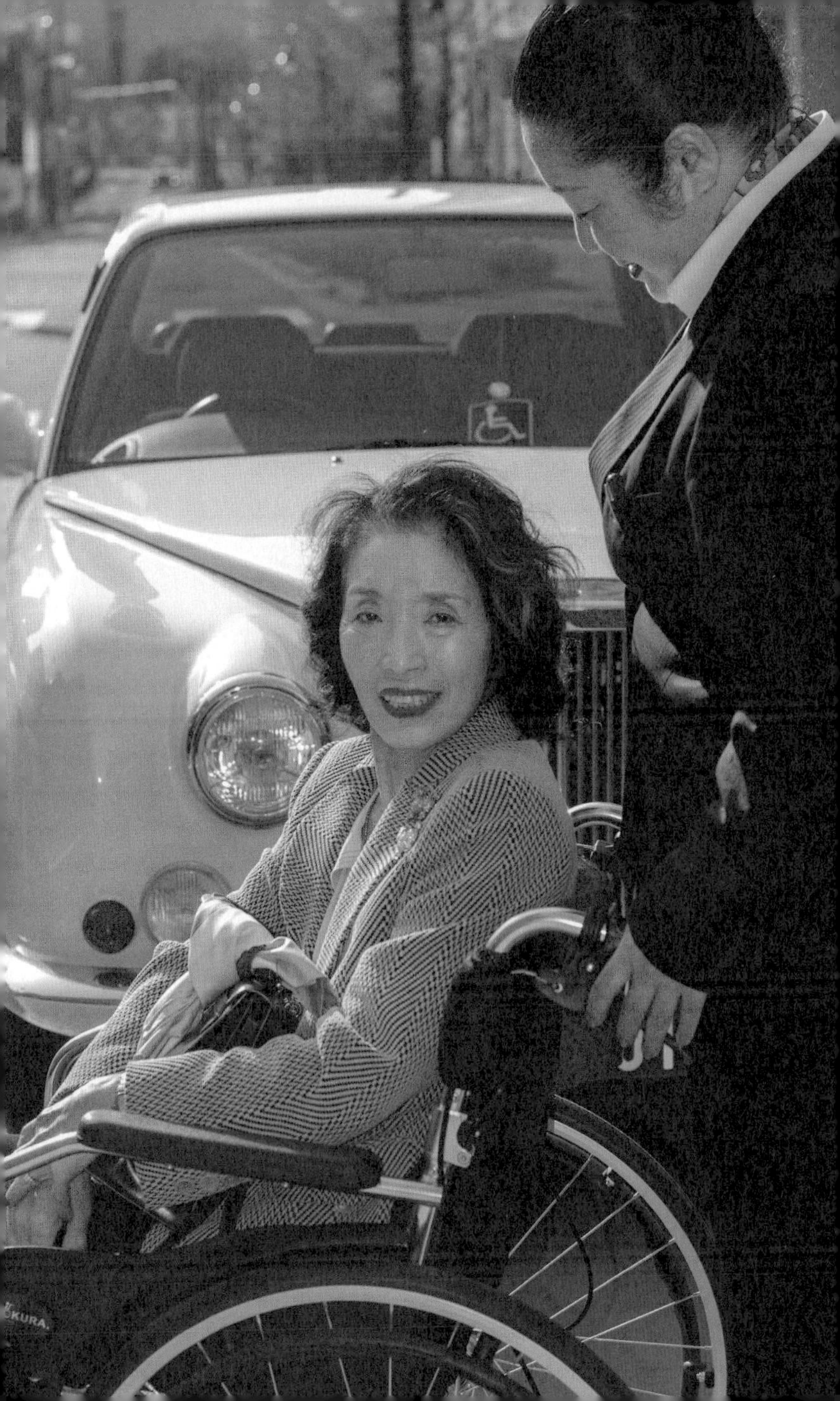

飯店等也打電話來預約。

觀光導遊之中，用餐亦不可少。聽說有許多人向福田小姐要求，「可不可以介紹便宜又好吃的餐廳。」

她出生、成長於東京下町，對於自己非常喜愛的庶民小吃也很熟悉。為了介紹給乘客便宜又好吃的餐廳，平時只要一出現有興趣的店，就會一間一間地跑去吃。介紹自己覺得好吃的餐廳是她的堅持。

她從小時候就常去吃大井町裡的西式料理餐廳「ブルドック」。這家餐廳位於讓人感覺如同身處昭和時代的小巷裡，招牌料理是炸肉餅。「我是吃這家餐廳像草鞋一般大的巨大炸肉餅長大的」，正如福田小姐所說，這料理份量十足，即便是男性也能吃得很飽足。

「也有些人在單獨狀態之下就難以自由行動。就算只有1位，如果有更多人因為出門觀光而感到快樂就太棒了。」

在高齡化加劇進行的現代，照護計程車的角色十分重要。福田小姐今後也將持續協助更多的人，讓大家笑容滿面吧。

ブルドック接受電視採訪時得到的「髒其林（地方骯髒但東西美味的餐廳）人偶」。

瀰漫著昭和時代香氣，小巷之中的ブルドック餐廳看板。

遇到女性計程車司機的機率有多少？

談到計程車司機，一般來說，會先聯想到男性吧。本書雖然介紹了6位女性計程車司機，但是在路上幾乎看不到女性計程車司機。實際上，男性在計程車司機中佔壓倒性多數。

在日本，女性計程車司機的比例約為2%。也就是坐計程車50次大概會遇到1次。另外，據說20年前比現在更少，約為1%。

儘管女性在比例上佔少數，但絕不是因為女性不適合計程車司機這份工作。

或許也有個人因素，但聽說喜愛女性司機的人很多。推測原因為女性司機態度溫和、對於女性乘客具親切感。

果然，計程車司機不但是駕駛，同時也是服務業吧。如果乘客滿意載送服務，獲得指定的機率應該也會上升。

另外，或許是上述原因之故，近年來招募女性計程車司機的計程車公司也不少。雖然持續長時間駕駛在體力層面來說，對男性較有利，但可以肯定如果抱持著熱誠工作，非常有可能比男性賺得更多。

基於以上所述，往後女性司機持續增加的可能性應該很大吧，但是目前女性司機仍然寥寥可數則是不爭的事實。如果偶然搭上女性司機的計程車，說不定是什麼好事即將發生的預兆。

STORY 13

全國各地來訪旅客倍感親近
秩父在地導遊者

藤野安司（秩父豪華計程車）

攝影、撰文／二見翔太

琦玉縣西北邊的秩父地方。秩父三十四處觀音靈場與西國三十三所、坂東三十三所合稱為日本百觀音靈場，許多人為了巡禮其中而光臨秩父。因此，許多位於秩父的計程車公司設計了巡禮觀光導遊路線。藤野安司所屬的秩父豪華計程車也是其中之一。

若要將秩父三十四所觀音靈場全部巡迴完畢，通常需要2天時間。秩父豪華計程車設計了一號靈場至二十三號靈場、以及二十四號靈場至三十四號靈場的路線，有許多觀光客利用兩天一夜將此行程巡迴完畢。另外這裡也有很多名勝，例如秩父神社與寶登山神社。

和平常巡迴攬客時的乘客不同，因為巡禮這類名勝要一整天和乘客待在一起，也有打破計程車司機和乘客之間的隔閡而融洽相處的情況。曾有巡禮靈場過後持續以電話和藤野先生聯絡，並屢次去秩父觀光的人，某天因為沒有地方可住，藤野先生就讓他睡在自家。

「有乘客在巡禮秩父三十四所後，說想和我一起巡禮坂東三十三所，後來陪他巡迴了整整一個禮拜。像這樣子結識、交流的人散布在全國呢。」

藤野先生個性爽朗、容易令人親近，這是專屬於他的故事。

眾多觀光客到訪的秩父神社

秩父四號觀音靈場金昌寺。據說因為非常靈驗，以前有人把地藏菩薩的頭偷回家。

秩父二十二號觀音靈場童子堂。和一般的仁王像相比有著可愛的表情。

松本製パン的熱狗麵包味道令人懷念。

如此的藤野先生，介紹了一間他從前便常造訪的店，1924年創業的麵包店「松本製パン」。

他和第二代老闆松本茂的弟弟是同學，聽說他小時候每天都來吃熱狗麵包。

這裡的招牌商品熱狗麵包，號稱「日本第一的手工麵包」。點單之後，老闆會幫忙塗上花生醬、奶油、果醬等等。最受歡迎的是「紅豆麵包」，那令人無法抵擋的樸實滋味，正是人們所謂的古早味。這一天，許久沒吃的藤野先生也笑著說：「真懷念！味道真棒。」

1948年出生於秩父的藤野先生在年輕時曾一度到東京就業，但是後來因為想在故鄉工作而返回家鄉。由於喜歡開車，便成為計程車司機。此後長年在秩父工作，2011年獲頒優秀勞工獎項。

深愛家鄉，許多造訪者所熟悉的藤野先生，今後也必定將持續活躍於秩父。

〔松本製パン〕
埼玉縣
秩父市宮側町20-17
〔電話〕
0494-22-4326

人有失足，馬有亂蹄
計程車司機常發生的疏失

計程車司機是以汽車運送乘客的專業人士。但就像職棒選手也會失誤一般，計程車司機也不是時時刻刻都是完美的。那麼，計程車司機容易發生什麼樣的疏失呢。

忘記跳表是連資深計程車司機都常出現的疏失。這時，即使中途發現而慌張地按下開始跳表，也只能從開始計費後的費用來計算。

相同地，客人下車後忘記停止跳表也是常有的事。這些事情常常發生在裝卸後車廂行李、乘客刷卡支付車資、違規開車、違規停車的時候。

另外，搞錯目的地也可說是常發生的疏失。例如發音相近的木場與千葉、市谷與市川等等。這種情況通常是乘客告知司機目的地後馬上就睡著，或是觀光客不知道路，沒有察覺就到了不同的目的地。

當然，由於司機無法向客人索取跑錯路段的費用，較多情況似乎是由司機自己掏腰包補足差額。為了防止搞錯目的地的情況發生，也有許多計程車公司會指導司機要複誦目的地。

此外，還必須注意漏看乘客。離開車庫後，輪值1班20小時的長時間駕駛，注意力會隨著身體的疲累逐漸渙散，而漏掉的乘客說不定就是長程乘客。

發生這些疏失不但會造成金錢上的負擔，心情也會低落。雖說計程車司機各自有各自的經營方法，但是儘量減少這樣的疏失也是提升營業額的重要因素。

STORY 14

瞭解動物、對動物付出愛情
專門載送動物的計程車司機

北村勇（TAP [Town Animal Porter]）

攝影、撰文／瓦萊里·曼西尼

Escape
Religion
THE STREET DIGGER

一般來說，導盲犬之外的動物是不能帶上計程車和電車的。但是，如果不得不緊急帶寵物去機場或動物醫院的話，你會怎麼做呢？貴賓狗之類的小型犬還算好處理，如果是杜賓狗那樣的大型犬要怎麼辦？

有個男人為了解決這樣的問題而奉獻出一切，他的名字是北村勇，是專門經營載送動物的「Town Animal Porter (TAP)」公司的計程車司機。365天、24小時，受理載送動物至動物醫院、機場、寵物照護設施、寵物美容院等地。

他從1996年開始這份工作。出於對動物的愛，以及想幫助困擾的飼主，而辭去製作公司的工作，開始經營這項服務。

他養了5隻狗和7隻貓，所以知道要照顧大到進不了籠子的寵物不是件簡單的事。而且寵物也是家族成員，他比任何人都了解寵物無法輕易地被任何東西取代。北村先生說：「動物也會因為不習慣車內空間而不開心，尤其是第一次乘車時。」為了使動物們能夠儘量安全以及舒適的移動，他下了一番苦心。

為了防止動物從座位掉落或受傷，隨時準備各種尺寸的玩具、飲用水、坐墊、籠子、尿布墊等。與一般的計程車不同，由於動物也是乘

品川330

客，所以他比別人更加倍注意車內的氣味。絕對不會在車內吃午餐或把味道強烈的東西帶進車內。另外，他也會注意自己身上的氣味，例如穿著沒有異味的衣服等等。

藉著在TAP工作的經驗，他熟記動物醫院的地點等因應各種情況所需的資訊。因為飼主當中也有許多人不知道如何處理寵物突然生病的狀況。

對於北村先生來說，有一件事印象特別深刻。某次送生病的狗和飼主去動物醫院的時候，狗的病況突然惡化、甚而停止呼吸。他立刻停車，對狗進行人工呼吸。聽說飼主看到這情景嚇了一跳。那是他由於為了救回眼前這隻狗的性命，想設法做點什麼的念頭，進而才有這樣的舉動。

「藉由反覆載送，能夠看到動物們逐漸回復健康，實在是太棒了。」他感受到自己與載送的動物們之間有強烈的連結，有時候也會去神社參拜，祈求動物們回復健康。

北村先生說，為了讓寵物幸福並成為幸福的飼主，在飼養寵物之前，要對想養的動物研究一番，開始飼養以後也要持續學習，對於飼養寵物的行為負責是非常重要的。

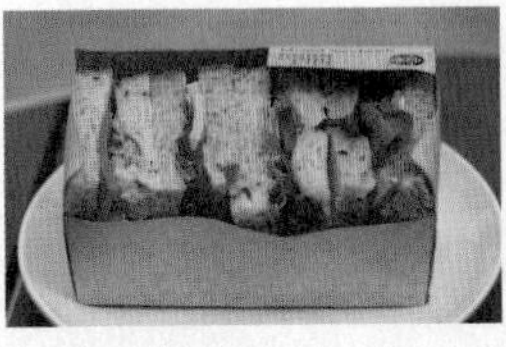

為了不使氣味殘留於車內而在車外吃飯。

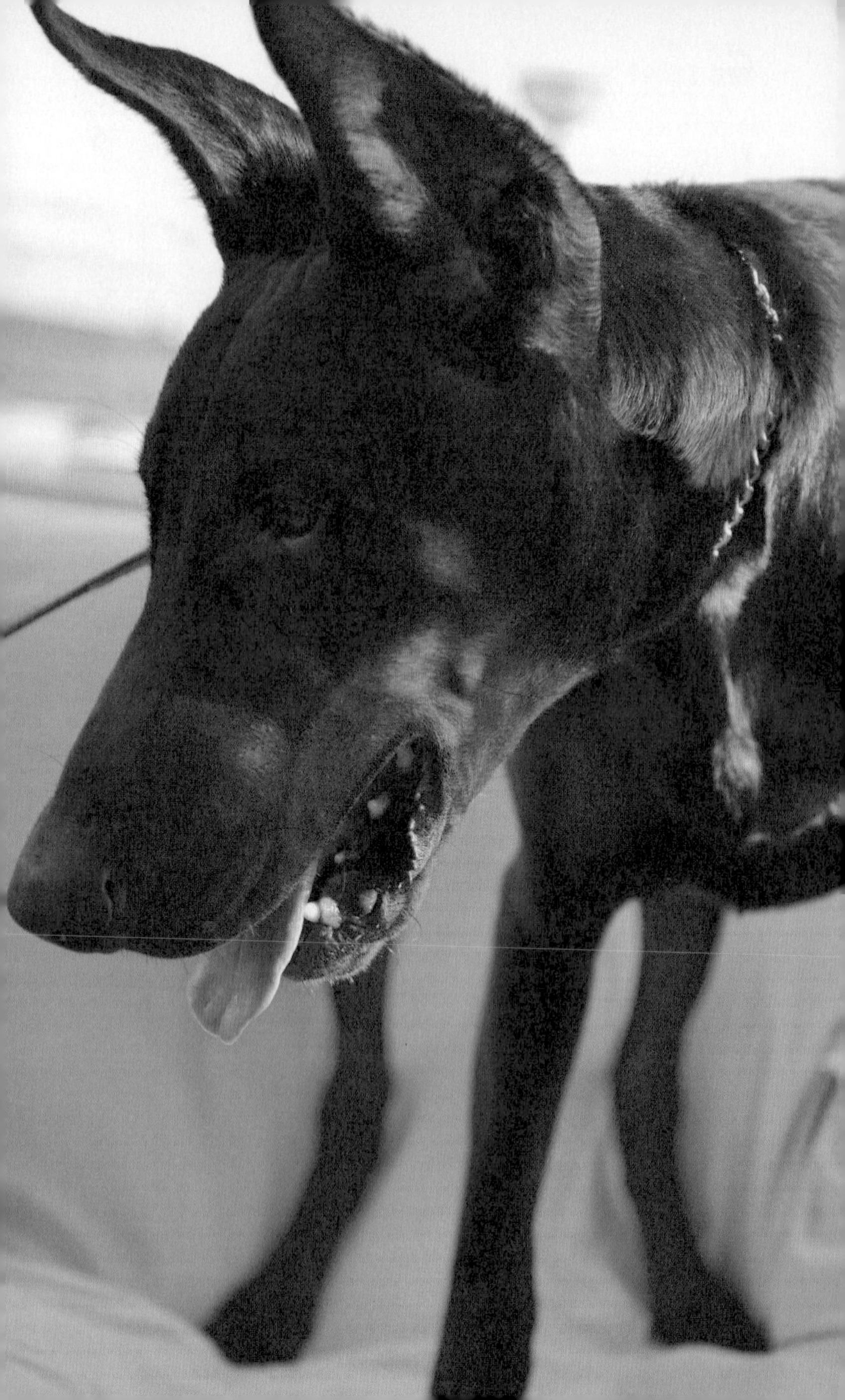

「飼主當中也有人不了解飼養動物的本質。譬如只會溺愛寵物，不好好教導寵物是不行的。給太多飼料也是一個問題。雖然我不是給自己飼養的狗和貓吃寵物食品，而是自己做的料理，但是我沒有忘記這個規則。規律是第一要件，愛情才是其次。我很尊敬西薩・米蘭*，無時不刻不向他學習。」

理解動物們，以深刻地愛情對待動物，抱持堅強信念的計程車司機，為了困擾的飼主以及動物們，今天也持續駕駛著計程車。

*譯註：西薩・米蘭是美國知名犬隻訓練師。

在神社祈求載送的寵物平安並早日康復的北村先生。

計程車內的遺失物品
收據是找回物品的關鍵

你是否曾經把東西忘在計程車上而感到困擾呢？計程車上的遺失物品中有很多是錢包、皮包、在車上脫掉的上衣等，而近年來最多的是行動電話。因為幾乎所有人都有行動電話，體積小巧，乘坐時就不小心從口袋掉出來了。當然司機也會在乘客下車的時候提醒「有沒有忘了什麼東西？」並且確認後座，但如果掉進座位縫隙的話就看不到。

乘客忘記行動電話時，有時經過一段時間後，他們會打電話到自己的行動電話，希望司機將行動電話送還給他們。有時候失主會說：「我可以負擔送過來的車資」，但似乎免費送還失主的情況較多。

那麼，如果搭計程車時不小心把東西留在車上要怎麼辦才好？持有當時的收據是最能夠輕易尋獲的情況。因為收據上除了日期、時間，大多還註記著公司名稱、營業所名稱、車牌號碼等，所以如果詢問計程車公司，找到遺失物品的機率就會變高。

然而，如果沒有收據就很難找到遺失物品。假如只記得計程車公司名稱，即使詢問「我坐了貴公司的計程車，但把東西忘在車上了，司機是位中年男性。」但大型計程車公司擁有數百台車輛，司機大多是中年男性，這樣根本等於沒有線索。如果連公司名稱都記不得的話，乾脆直接放棄比較省事。

若以整體來看，據說計程車上遺失物品的歸還率不到10％。雖然領取收據也很重要，但最為重要的是注意不要把東西忘在車上，這是無須待言的。

STORY 15

駕駛計程車35年 仍然活躍於職場

黑田忠夫（黑田計程車）

攝影、撰文／天井克生

您知道羽田機場的計程車乘車處中有個「往川崎、橫濱、橫須賀」的乘車處嗎？如同其名，這是給要往神奈川方向的人使用的乘車處。然而，在計程車的世界中，營業區域受到法律規範。由於羽田機場屬於特別區、武三交通圈（東京23區、三鷹市、武藏野市）的營業區域，所以基本上其他區域的計程車無法在這裡等待乘客。但是，羽田機場裡的「往川崎、橫濱、橫須賀」乘車處則為例外，京濱交通圈（橫濱市、川崎市、橫須賀市、三浦市）的計程車可以在此營業。計程車協會也會派遣計程車過來，俗稱羽田班。「因為神奈川的計程車必須要付給協會進入羽田機場的通行費用，所以有時候連本錢也賺不回來。然而由於不得不採用輪流制，所以也沒辦法。」平時以川崎市為中心經營個人計程車行黑田計程車的黑田忠夫這麼告訴我。他是羽田班的計程車司機之一。儘管出外開計程車卻未必賺得到錢，從這一點隱約可看出計程車業界的殘酷。

黑田先生出身宮城縣，他是約50年前經濟高度成長期人稱「金蛋」＊的一代。年輕時前往東京，在阪急百貨公司工作。後來調到大阪總公司，但沒辦法適應關西地區的生活，在經歷高級日本料理店廚師訓練、

＊譯註：指1960年前半，支撐起日本戰後高度經濟成長的中學畢業年輕就業者。

使用人數在世界上名列前矛的羽田機場。

ANA
Inspiration of JAPAN
ANA
ANA

製糖公司的工作後，進入計程車的世界。

他在都市交通計乘車公司工作22年、自己出來開業13年，合計駕駛資歷共35年，也常會感到工作辛苦。因為計程車司機這份工作的工作特徵，就是不知道會遇到什麼樣的乘客。有時候乘客不顧交通安全，無理地要求：「反正開快點，你是專業駕駛吧」之類的。黑田先生之所以要求乘客要有最起碼的禮貌，是因為他非常積極認真地投入工作。

他和妻子、女兒及女婿，以及分別為高中生與國中生的孫女們一起生活在川崎的自宅，他說他的樂趣就是看著孫子們長大。

「我孫女還是小學生的時候，我讓她們坐上計程車，帶著她們去了好多地方。」

能夠給喜歡時尚事物的孫女們零用錢，也是支持黑田先生工作的動機之一。疼愛孫女的爺爺，仍然持續開著計程車，今後也將載送許多乘客吧。

如果倒著開計程車，車資怎麼算？計程車的計費機制

乘坐計程車時，總是會不自覺地一直注意顯示車資的計費表。計程車上一定會裝設計費表，但車資依地區不同多少有所差異。若在東京23區和三鷹市、武藏野市，起跳費用（上限）為730日圓，此費用能夠搭乘的距離是2公里為止。之後為每280公尺便加90日圓。附帶一提，據說搭乘距離是以輪胎旋轉圈數來測量的。

那麼，如果將計程車倒著開的話會怎麼樣呢？莫非車資會不斷減少？你說不定會這麼想，但很可惜地並不會減少。似乎打到倒車檔以後，計費表就會當作停車處理。

根據上述條件，好像以倒車行駛到目的地的話，只需支付起跳費用就可以了。但實際上並沒有可以一直倒著開的路，而且包含停車，時速10公里以下的話，計費方式就會從距離制切換為時間制。時間制費用是每1分45秒90日圓。

高速公路則為例外，只適用距離制費用。如果在高速公路上塞車、無法動彈，也不會加上時間制費用。

因此，並沒有以超便宜的車資搭乘計程車的方法。但是，例如要下車之前費用突然往上跳，這麼令人不甘心的事情，如果有盯著計費表的話是可以避免的。實際上，幾乎所有的計程車計費表都會顯示還有多少距離，車資就會往上增加的資訊。根據機種不同，有各式各樣的顯示方式，例如棒狀圖逐漸縮短，或是5個圓點一個一個逐漸消失的方式等等。

但是，因為司機也無法說停車就停車，所以要算好足夠的時間，掌握下車時機預先告訴司機。

STORY 16

每天都能遇見形形色色人們的工作
人和人之間的連結是最重要的事

藤澤昇太郎（多摩川豪華計程車股份公司）

攝影、撰文／天井克生

藤澤先生從前曾擔任時尚雜誌和機車雜誌的模特兒，能有模有樣地配合攝影師擺出姿勢。

以職業類別來說，計程車分類為旅客運輸業。但很明顯的，服務和駕駛車輛幾乎同等重要。因為服務會嚴重影響乘客的滿意度。

穿著整齊合身的制服，禮貌的言談用語，每一個行為舉止都合宜得體，藤澤昇太郎就是如此禮儀端正的計程車司機。他出生、成長於川崎，隸屬的多摩川豪華計程車以川崎北部的衛星城市為營業據點。經歷了建築業與司法代書的工作之後，約於1年前轉行成為計程車司機。他說，個人生活上的樂趣是看著3個小孩長大，將來也計畫自己開個人車行。

藤澤先生說，儘管駕駛計程車的資歷不長，但每次禮貌周到的載送，是身為計程車司機最重要的事。

「重視和乘客們的相遇，隨時留意使乘客們想再次乘坐我的車。」

由於他禮貌周到的接待，使許多常客指定要他駕駛。當然，駕駛時很少晃動，據說也能讓人感受到乘坐起來有多舒適。

藤澤先生每次駕駛時總是全心投入工作，但仍會因經驗尚淺而有不知道路的情況等等，認為自己仍然有待磨練。

另外，遇到酒醉乘客時發生許多狗屁倒灶的事情，幾乎可說是所有計

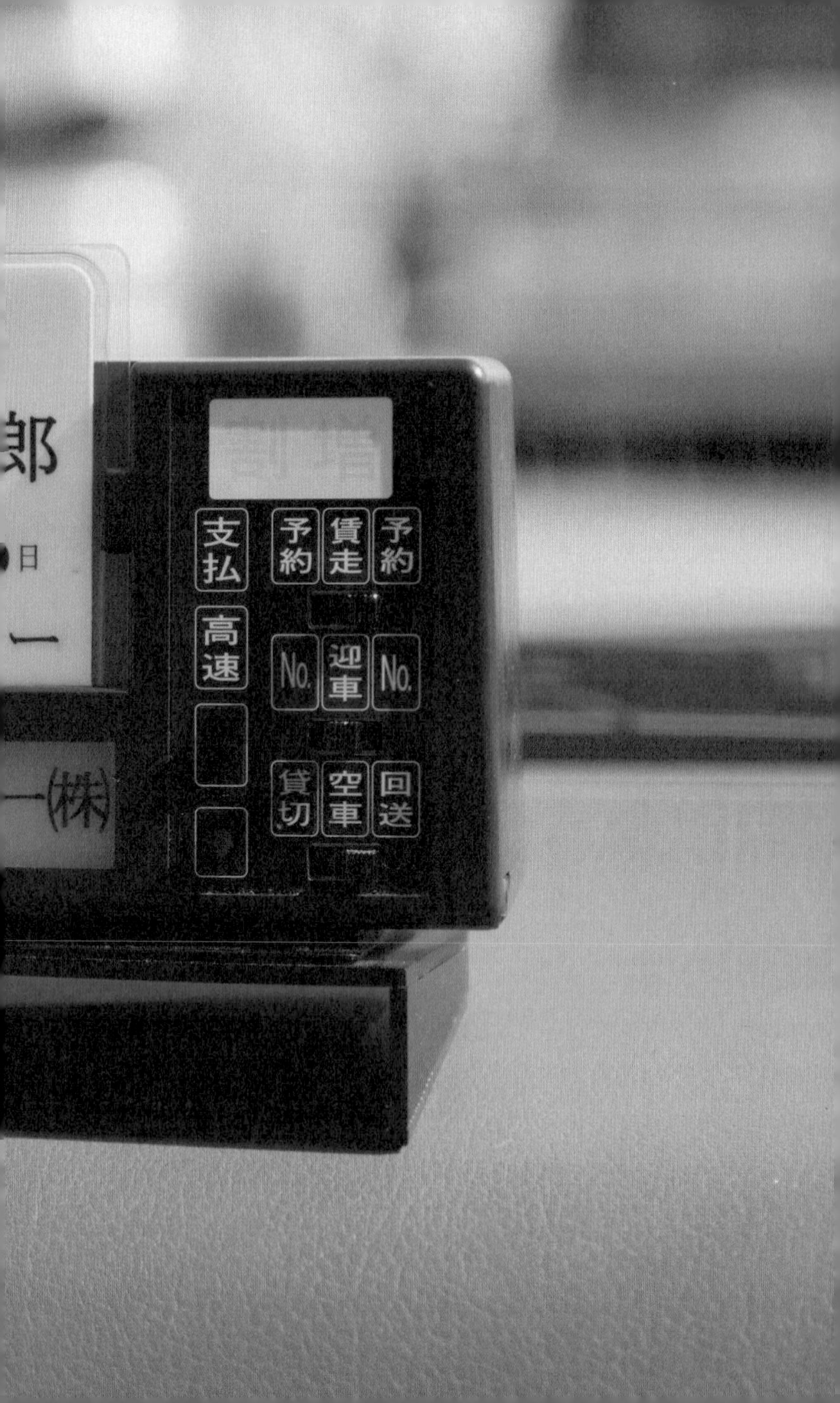
支払
予約
賃走
予約
高速
No.
迎車
No.
貸切
空車
回送

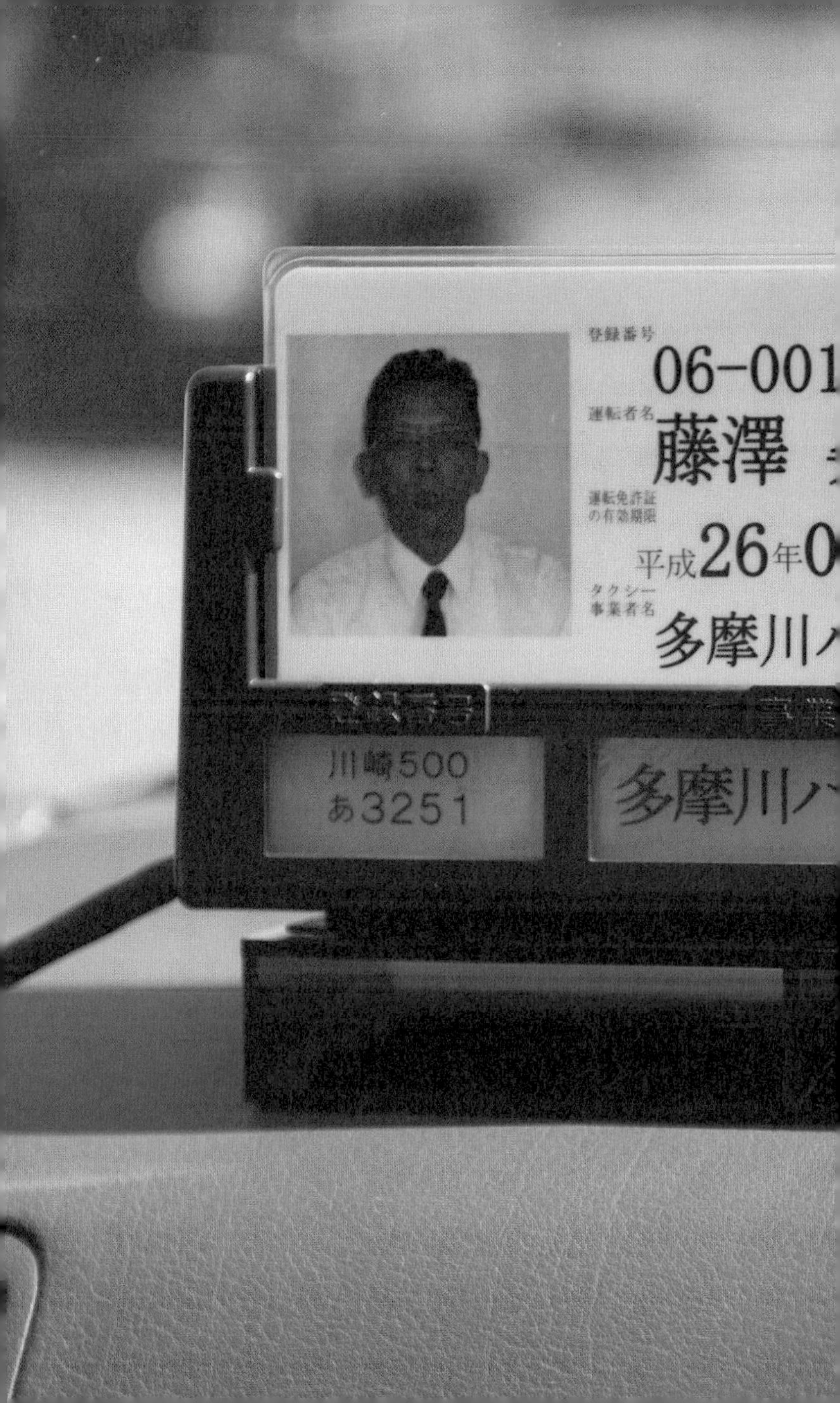
登録番号
06-001
運転者名
藤澤
運転免許証の有効期限
平成26年
タクシー事業者名
多摩川
川崎500
あ3251
多摩川

計程車也是服務業。遞給乘客收據時也充滿微笑。

程車司機都曾有過的經驗。

「如果是男性乘客，可以讓他搭著我的肩膀下車，但如果是女性乘客，可能還會被當作性騷擾，必須技巧性地去照顧酒醉的乘客呢。」

如果只是記路、依工作規則服務客人，可能有很多人都能夠做到而不嫌苦。但是，計程車這個行業在讓乘客上車之前，不知道會遇見要去哪裡、什麼樣的客人。就算成為駕駛技術優異的計程車司機，也有很多人以服務乘客等人際關係為由而辭職。

「我認為計程車司機是我的天職。除了我喜歡開車，還加上我每天都可以遇見形形色色的人，和乘客聊天的時間是很愉快的。」

對於將人和人之間的連結當作最重要的事，並能樂於其中的藤澤先生來說，計程車司機說不定是最棒的工作。

東京都有超過300間計程車公司 計程車司機超過10萬人

簡單來說，計程車公司從擁有1000輛車以上的大公司，到只有1輛車的個人車行，公司規模不盡相同。把這些公司全部加起來的話，東京有300～400家計程車公司。

據說東京的計程車司機約有10萬人，全國的計程車司機35萬人中，就有4分之1聚集在東京。

計程車司機聚集於東京，尤其是特別區、武三交通圈（東京23區、武藏野市、三鷹市）的最大原因，是「因為東京賺得到錢」。和電車、公車相比，由於計程車車資高昂，所以在富裕階級較多的都市區域中，使用乘客也較多。再者，因為大企業也聚集於東京，所以可將因工作上的交通需求而搭乘計程車的商務人士視為顧客。另外，這一些商務人士會使用計程車券等方式付帳，其費用是由公司負擔，所以搭乘長距離的乘客也很多。

此外，假如是大型計程車公司，也有很多公司設有宿舍，具備了隻身到東京也能夠工作的環境，因此有很多人從地方縣市到東京的計程車公司工作。

然而，就算「東京賺得到錢」，由於計程車司機的薪水是抽成制，最終的收入還是要看自己的實力而定。聽說收入高的人一年可以賺超過1000萬日圓，但收入低的人連300萬都賺不到。東京是乘客多但司機也多的計程車激戰區。今天，也有很多司機正忙著在外奔波勞碌呢。

STORY 17

載著夢想而跑的計程車
71歲的第二人生

水田正夫（化名）（股份公司夢交通）

攝影、撰文／二見翔太

夢

青蛙圖案上面有一個「夢」字。夢交通的計程車司機水田正夫（化名），駕駛著一台車頂燈令人印象深刻的計程車迎接我。

水田先生1943年出生，現年71歲。原本繼承了東京老家的商店，在店裡工作到退休。退休之後，他認為只是活著，什麼都不做實在不好，因而進入夢交通，以計程車司機這份工作開啟了他的第二人生。

他笑著說：「載上乘客抵達目的地，單單這樣就相當耗費腦力，能夠防止癡呆喔。」他相當注意自己的身體健康。

由於工作時一直坐著，很少動到身體，所以他每天都去營業所附近的神明・六木遊步道散步。單程2公里的路線之中，由樹葉間隙照射而下的陽光非常舒服，是令人心情舒暢的地方。另外，他也會注意飲食，深夜工作休息時不吃東西，只喝咖啡以防止睡意。

藉由從前經營商店的經驗，水田先生的待客與服務比其他人更加有禮貌。迎接客人時以「歡迎搭乘」打招呼，並掌握時機和乘客聊天氣。「雖然也有不喜歡說話的乘客，但是談論天氣的話沒有人會生氣。接著可以從天氣的對話來判斷是不是要繼續聊。」

水田先生每次載客的目標，是乘客在抵達目的地時對他說一聲「謝

水田先生每天到神明・六木遊步道散步。

カードOK
優良
(足立)

カードOK
夢交通
(足立)
TAXI
カードOK

謝」。

股份公司夢交通十分重視他們車頂燈上的「夢」字與「青蛙」圖案。夢，是源自希望乘客與司機抱持著夢想的想法。青蛙，則是源自於希望司機安全地送乘客回家，司機也能安全回來的念頭*。另外，所有車輛裡都掛著繡有青蛙圖案的御守。

乘客中有人覺得「因為青蛙的圖案很可愛」而選擇搭乘夢想交通的計程車，也有不少人看到夢字覺得「搭了名字很好的計程車」而開心。聽說還有乘客認為「搭上了吉利的計程車」而變更目的地，去彩券行買彩券。

水田先生精神奕奕地談論著計程車與夢交通，他之所以不會讓人感到年邁，正是因為他體會到這個工作的意義。與嶄新夢想相逢的他，今天也持續載送乘客，回到營業所。

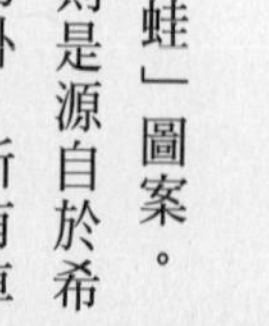

夢交通辦公室入口的社訓。

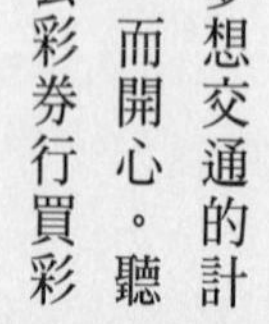
每年都會請神社焚燒青蛙御守，並換上新的御守。

*譯註：日語中，青蛙與回家的發音相同。

計程車司機最為恐懼的顧客投訴

在大型計程車公司，每天都會有客訴電話打進來。其中大部分都是抱怨司機態度惡劣。不打招呼、用語輕浮、顧客搭話也不理等等。

計程車司機最為恐懼的，不是長時間待客後，卻接到只搭乘短途的乘客；也不是深夜時遇到妖怪，而是客訴。

如果在網路上搜尋，就會看到許多計程車司機態度惡劣的言論。雖然不知道到底是真是假，但不只是計程車業，不管哪種生意多少都會有客訴。為什麼那麼害怕客訴呢？

如果只是向打電話到營業所投訴的乘客賠罪、並留意該計程車司機就落幕的話，便不是什麼大問題。最糟糕的情況是乘客投訴到計程車中心。

計程車中心居於督導轄區內計程車公司的立場，依情況可吊銷司機的計程車駕駛證。無法駕駛計程車的司機，就好像跑到陸地上的河童一樣。

對於計程車公司來說，因為少了一位司機就少了一台車營業，而造成嚴重的虧損。既然會影響生計，所以也沒多少強硬的計程車司機敢說，「客訴那麼可怕，計程車司機還做得下去嗎！」計程車業界正是所謂「客戶是神」的世界啊。

STORY 18

致力於英語會話與國際禮儀國際色彩豐富的計程車公司

阿部康（股份公司 HELLO TOKYO）
理查・彼得森・阿朗（股份公司 HELLO TOKYO）
虎山福魯格勒（股份公司 HELLO TOKYO）

攝影、撰文／青木千惠子

阿部先生已在計程車業界第9年，聽說輪班一次可載20～25組客人。

訪談時，接到從前載送至岩手縣的乘客打來答謝的電話。

東京是世界首屈一指的大都市，許多外國人因觀光或商務等各種目的造訪。位於東京都江東區的橫十間川親水公園與仙台堀川公園附近的「HELLO TOKYO」，是致力於英語會話與國際禮儀研習，並雇用許多外國人司機，國際色彩豐富的計程車公司。

「我們公司裡有許多英語流利的日本人，有在英國住過5年的人啦、小時候出國旅居紐西蘭，後來回到日本的人啦、能夠流暢地使用4國語言的人等，總之有許多獨特經歷的人喔。」

如此向我介紹的是「HELLO TOKYO」的司機阿部康，他出身關西，在兵庫縣出生，奈良縣長大。阿部先生擁有10年計程車司機資歷，成為計程車司機的理由之一，是小時候看到方向盤旁裝有換檔撥桿的計程車，覺得帥氣十足。他從2007年開始在「HELLO TOKYO」服務。

阿部先生的車是箱型車款，其理由是因為常有外商飯店的接送，或至成田機場迎接自國外來的客人等等。

「因為很多外國的顧客身形龐大，開箱型車比較方便。以前曾經載過4位荷蘭人，最矮的也有185公分。其他3位都超過190公分。如果是普通轎車的話就太侷促了。」

另外，因為從機場或飯店搭車的客人行李也很多，可以保有多餘空間擺放行李。

「不知道是不是外國人計程車司機太罕見，顧客常常會被嚇到。有時候還有人被嚇得以為是大猩猩在開車一樣。」以流暢的日語笑著說話的是美國出身的計程車司機理查·彼得森·阿朗。

曾經住在南加州與夏威夷的阿朗先生約在35年前來到日本。因為對日本人與日本文化感到興趣，而開始在日本餐廳工作。當時他每天去日語學校學習日語3個小時，並和日本的朋友住在一起，因此精通日語。後來，經歷上班族生活，到達退休年齡離職後，進入「HELLO TOKYO」。在美國從15歲就開始開車的阿朗先生，也曾在南加州和夏威夷開過計程車。

「在美國，依區域不同，也有些地方很危險。在夏威夷的時候，我在車裡放了護身用的金屬球棒。」

不管在什麼地方做什麼事情，重要的是像阿朗先生學習語言和文化一樣，對於任何事情都誠摯以對的姿態。

阿富汗出身的虎山福魯格勒，12歲時自戰亂逃脫而離開祖國。花了

2、3個月徒步逃到伊朗，在日本與因為政變而無法歸國的父親重逢。這段故事在1989年也出版成書《仰望阿富汗的天空》＊。長大後，他成為上班族開始工作，公司卻不幸倒閉。在運輸業工作2年之後，轉行成為計程車司機，今年是第3年。

「我有2年左右的宅配工作經驗，因此想成為計程車司機。但是計程車和宅配不同，在乘客上車之前不會知道目的地。習慣之前都覺得不知所措。」

現在不但已經習慣計程車司機的工作，也很熟悉涉谷、惠比壽、代官山週邊的路況。

「在阿富汗的時候，因為戰爭躲在山裡，所以沒有看過計程車。我雖在伊朗等其他國家看過計程車，但日本的計程車真的很漂亮。車子連一道傷痕也沒有，內裝也很清潔。顧客也都是好人。日本計程車的高級意識非常強。」

毫無疑問地，日本的計程車在世界上擁有高品質的服務。其中「HELLO TOKYO」更是出類拔萃。每一位司機都穿著平整乾淨的襯衫和深藍色外套，並以如同高級飯店服務員一般的溫順舉止與說話方式接

＊譯註：原書名《アフガニスタンの空を見上げて》（小学館）

因為對日本有興趣而移居日本的阿朗先生。愛好是將棋，而且已經持續下棋40年。

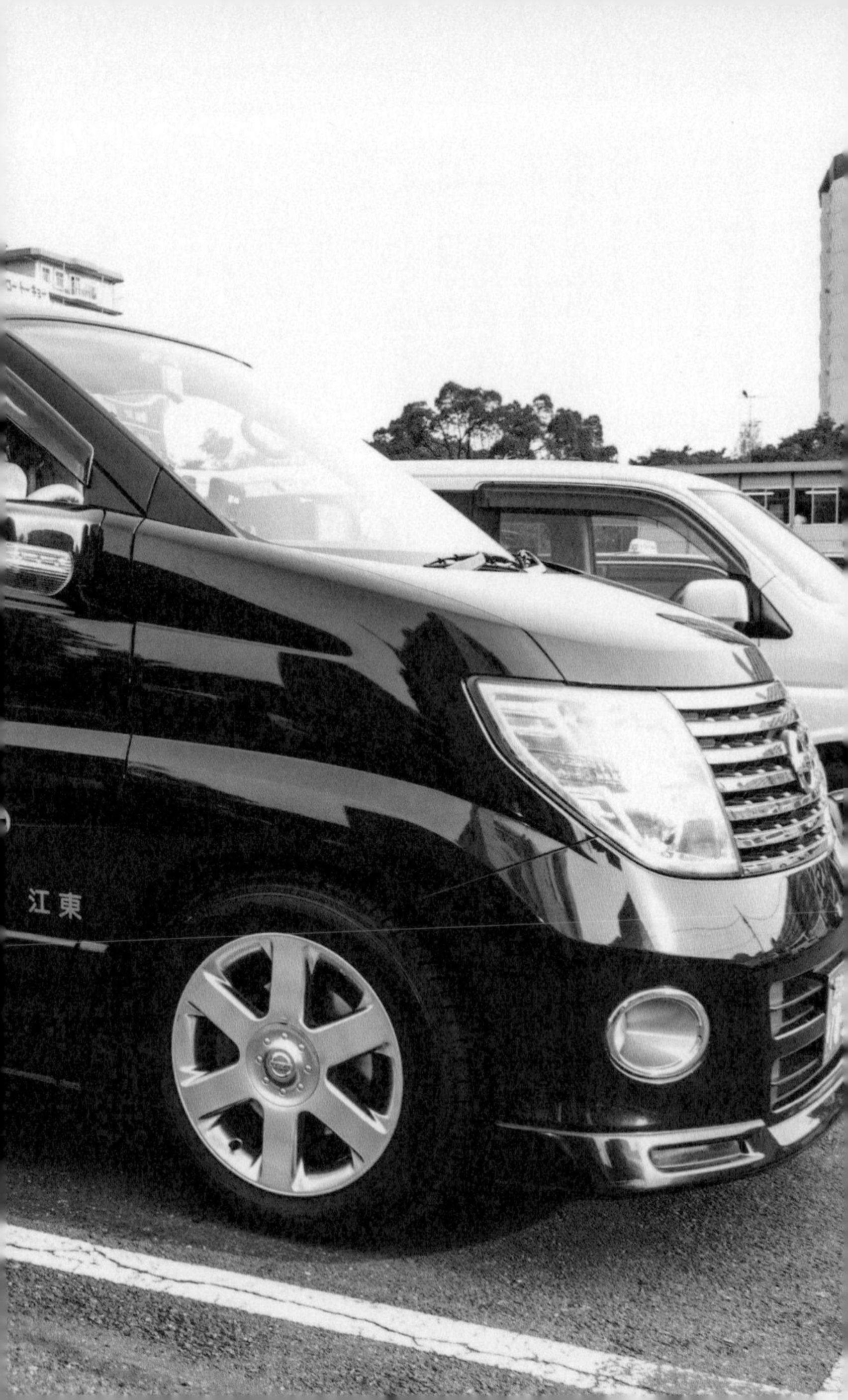
江東

阿朗先生駕駛的計程車是即使5～6人坐也綽綽有餘的箱型車。車資和一般計程車相同。

待顧客。

「我始終努力地使短程乘客感到愉悅。因為不管車資只在起跳費用內或是一萬日圓，都同樣是乘客，毫無差別。長年駕駛下來最感到高興的是乘客說『即使是短程，還能讓我坐得這麼舒服，這是頭一遭。』感覺確實將工作做好了。」

就像阿部先生對我說的一樣，包含他們3位在內，所有「HELLO TOKYO」的計程車司機，都是真摯地對待每一位乘客。面臨2020年東京奧運的到來，對於東京觀光品質的要求逐漸增高之下，能夠向世界展現日本計程車高品質的，可能就是他們了。

以前曾從事模特兒工作的福魯格勒先生。

ELLO 195
HELLO TOKYO TAXI

左起理查．彼得森．阿朗、阿部康、虎山福魯格勒

COLUMN 18

人們常說的計程車和豪華計程車哪裡不一樣？

雖然大家曾耳聞「計程車」和「豪華計程車」，但能說明兩者差異的人卻意外的少。其中是不是也有人誤解，只要車身是黑的就是豪華計程車，其他則是一般計程車？

相對於計程車是以巡迴攬客與定點待客獲得顧客，豪華計程車是在營業所、車庫待命，因應乘客預約再派遣車輛。由於豪華計程車不能巡迴攬客與定點待客，因此即便在路上舉起手，豪華計程車也不會像計程車一樣停下來。

相對於計程車的車資是在下車時支付「從乘車地點到下車地點」的費用，豪華計程車的費用不但包含乘客乘車期間，「從出車庫到返回車庫為止」都算在車資內。費用為事先依路線和時間、車種等條件決定，大多數的豪華計程車公司可預先付款或事後寄帳單給客戶。

豪華計程車依條件如距離變長、甚至是車種變高級、車門由司機開關等，服務充實，所以費用也較計程車高。因此，豪華計程車常常使用於注重排場的時候。

順帶一提，計程車或豪華計程車無法用車身顏色來辨別。因為豪華計程車雖多為黑色，但也有很多黑色的計程車。另外，也有計程車公司的名稱叫做「某某豪華計程車」，這只不過是公司的名稱而已，不一定是專營豪華計程車的公司。

即使平常不搭乘豪華計程車，當決定性的重要一刻來臨時，要不要試試乘坐豪華計程車呢？

STORY 19

除此以外不作他想的工作
計程車司機這份天職

中村大（日之丸交通深川）

攝影、撰文／天井克生

東京的正門──東京車站。擴往熙來的車站週邊有很多要搭乘計程車的人。「平日，商務人士搭乘計程車也是有分時段的喔。早上8點到10點左右是通勤族，正午到中午1點為止是下午要出門拜訪老主顧的業務，晚上則是工作結束要去喝酒的人們。」

日之丸交通深川的中村大這麼告訴我，他是以東京車站為中心經營計程車的司機。

中村先生出生、成長於東京，現年42歲。原本在食品公司的工廠擔任機械維護工作。後來，因為想要從事活用機械知識的工作而轉行到空調維護公司，但又感覺合不來而辭職。在這個時候，他開始開計程車，當作是找到下一份工作前的緩衝。

如此，中村先生成了計程車司機，他原來就喜歡駕駛汽車，很快地就感到計程車司機這份工作的魅力。他注意到，從事這份工作能夠去到以前沒去過的地方、時間限制少、還能夠依照自己的步調工作，非常適合自己。

為了提升營業額，他不惜付出努力，例如在東京車站載送客人後，回程時他會在當地尋找客人以提升載客率，或是為了確保能夠載到早上的

在中村先生營業區域的東京車站前。

以夜間點燈美麗點綴的東京車站丸之內紅磚瓦車站建築。

週末時有很多觀光客搭乘計程車。淺草是熱門的觀光景點。

通勤族而在8點前出車。他總是熟記搭乘顧客的變化情況，「星期六日的顧客結構和平日完全不同，有很多從地方縣市前來東京的觀光客搭乘計程車喔。從丸之內搭車的客人多是去晴空塔和淺草。」

由於他的工作是重覆地做3休1、做3休2，所以不一定配合得上家人的休假。但他仍充實地度過假日。「假日時我會開著我的愛車Integra Type R去筑波賽車場奔馳，或一家人一起回到位於琦玉縣的老家。最大的樂趣當然是看著孩子的成長囉。」

「對我來說，計程車司機是份除此之外不作他想的工作。」他對於計程車的決心之堅定，現在已將開設個人車行當作目標。

日落之後，東京車站丸之內的紅磚瓦車站建築，以夜間點燈美麗地點綴著。經過一番崎嶇波折後，終於與天職相逢的計程車司機，往後也必定持續在東京載送人們。

也有很多客人為了觀光而搭乘計程車。裝卸行李也是中村先生的工作。

計程車業也有該業界獨有的行話。經常用於計程車司機之間以及使用無線電交談時。在此介紹部分用語。

【LP瓦斯】
幾乎所有計程車都在使用的燃料。以LP瓦斯為燃料行駛的汽車稱為LP瓦斯車。

【一發】
指長距離乘客。和「妖怪」、「Long」同義。

【大型遺失物】
指作案犯人。以無線電向總部聯絡時稱之為「大型遺失物」。也稱重要遺失物。

【上】
指高速公路。因為車資很容易往上增加，所以遇到要上高速公路的乘客，計程車司機就很開心。

【枝】
主要道路中的小路。

【行燈】
計程車車頂上一定會裝置的表示燈，也就是車頂燈。亦稱天井燈，載送乘客時通常會關掉。緊急的時候紅燈會閃爍，變成防盜燈。

【赤恥】
指非緊急時防盜燈啟動，或因此而被指出錯誤之意。防盗燈啟動之後紅燈會閃爍。

【妖怪】
指長程乘客。與一發、Long同義。在意想之外的地方遇到長程乘客的時候就會說「妖怪出來了」。

【青タン】
晚上10點到早上5點的夜間加成時段。因為計費表的車資顯示會呈現藍色。

【馬上上鉤】
因大雨或電車停駛等原因，前一組客人才要下車，下一組客人就要上車的情況。

【駅付け】
在車站的計程車乘車處等待乘客的意思。同「駅待ち」、「駅出し」。⇔流し。

【煙囪】
司機不跳表，侵占車資的意思。也稱為メータ不倒。無疑是不當行為。

【營業區域】
允許營業的區域。法律禁止從營業區域外載送乘客至營業區域外。

STORY 20

和乘客一同歡樂
御宅族計程車司機

佐佐木裕次郎（佐佐木計程車）

攝影、撰文／二見翔太

佐佐木先生的營業中心地——秋葉原。

漫畫、遊戲、偶像等各種型態御宅族聚集的街區——秋葉原。佐佐木裕次郎是以御宅族聖地秋葉原在內的千代田區、中央區、港區為中心營業的計程車司機。他於1968年出生於東京都，在效力大型計程車公司之後，自己開設個人計程車行佐佐木計程車。

坐上佐佐木先生的計程車，首先注意到的是放在車內的布偶。計費表上面排列著動畫網站「niconico動畫」角色人物的布偶。他毫不掩飾自己打從心底深愛動畫。「那個布偶，是因為我認識niconico動畫的業務員，他爽快提供給我的。」

他的興趣不只是動畫，還很喜歡交通工具，國中時加入鐵道俱樂部，高中時搭電車旅行到北海道，取得機車駕照之後，也會騎著機車出門旅遊。

「小時候常常看在附近行駛的電車呢。到目前也去搭過船和直升機。」

另外，因為有朋友邀請他去參加自衛隊的演習活動，以此為契機，最近興趣擴大到自衛隊，在車內也放了自衛隊的相關產品。現在還參加自衛隊的防衛監察員等活動。

加油蓋上貼著來自仙台的虛擬偶像「大森杏子」的貼紙。

(人個)

「niconico動畫」的業務員送的布偶——NIWANGO（左）與電視君（右）。

「以前保持安全駕駛載送乘客時，有時候會遭後方車輛挑釁。自從把自衛隊的相關產品放到車後方可以看到的位置之後，就再也沒發生過了。」

動畫、交通工具與自衛隊，擁有許多興趣的佐佐木先生有時會在社群網站上發有關於這些興趣的文章，看到貼文的人便會跟他說：「想請你在動畫活動舉辦的時候載我去會場」、「我是從地方縣市來的，希望能請你導覽秋葉原」等，間接也幫助了計程車生意。

佐佐木先生的下個目標是將自己的計程車改為「痛車」。所謂痛車，意思是不忍卒睹，使人承受著「羞恥之痛」的車，主要是將動畫角色人物畫在車身上的意思。

「因為有建築物外部廣告條例和計程車公會的規則，現實層面上雖然有困難，但如果只在動畫活動時彩繪車身，顧客也會感到高興吧。真希望有一天可以開著改裝成痛車的計程車呢。」看著佐佐木先生愉快談論的樣子，感覺他除了滿足自己的樂趣，也要讓乘客盡情歡樂的服務精神。

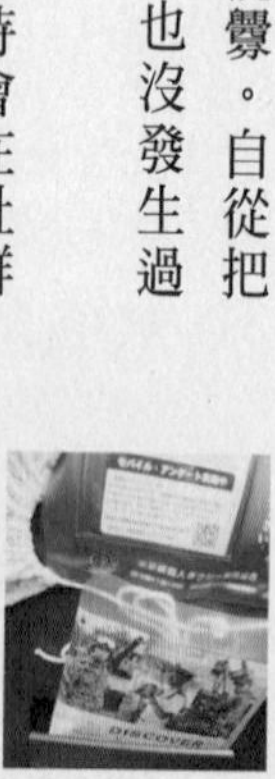

放置於車內的自衛隊雜誌。

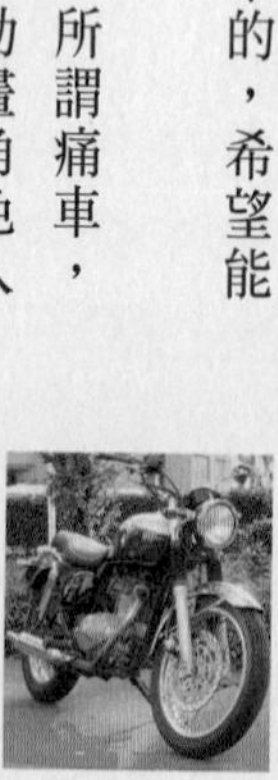
佐佐木先生的興趣是旅遊，此為出外旅遊時騎乘的愛車。

在有明碼頭望著航海訓練船「銀河丸」的佐佐木先生。

【けつ番】
計程車乘車處的等待順序位於最後的意思。⇧⇩鼻番。

【下車勤】
由司機代為處理配車工作或一般事務工作的意思。

【工事中】
警察正在取締交通違規的意思。亦稱赤信号。真正的道路工程稱為本工事。

【加算】
隨著距離、時間增加，從起跳費用逐漸往上加的車資。與転ぶ同義。

【回送】
因返回車庫、加油等而以空車駕駛的情況。透過顯示看板表示本車無載客意願。

【空車】
車上沒有乘客的意思。⇧⇩實車。

【神立ち】
計程車乘車處的計程車數量不足，乘客們依序排隊等待的意思。

【個人計程車】
由自僱業者自己身為司機經營的計程車。⇧⇩法人計程車。

【高速計費】
行駛高速公路時使用的費率。不以乘車時間計費，僅以行駛距離計費。

【迎車】
接到無線電連絡後，以空車行駛至顧客等待地點的意思。迎車分為免費及收費兩種。

【転ぶ】
計費表不斷往上跳的樣子。與加算同義。

【現收】
以現金收取車資的意思。⇧⇩未收。

【貸切】
與行駛距離無關，在一定時間之內以一定的金額包下計程車的意思。

【蹴飛ばし】
即拒絕乘車。除非有不得已的情況，否則不允許司機拒絕乘車。

STORY 21

享受自由和規律
個人計程車生活

長岡勝商（長岡計程車）

攝影、撰文／小金井圭太郎

據說日本的計程車每6輛就有1輛是個人計程車。在網路上搜尋「個人計程車（個人タクシー）」，可看到點擊率名列前茅的熱門網站「個人タクシー生活（東京）」，其網站管理者長岡勝商（網路暱稱GBW）也是其中一人，他經營著個人計程車行長岡計程車。

長岡先生出生於1967年，泡沫經濟時期從事機車宅配為生，泡沫經濟瓦解後，便起了轉行的念頭。種種工作當中，吸引他的是自己開業的個人計程車。

「考慮轉行的時候，首先想到的是希望能自由地保留養育孩子和照顧愛犬的時間。經營個人計程車的話，時間可靈活調整，也能活用從事機車宅配時培養出的首都地理知識。我認為非這個工作莫屬。」

但是，開設個人計程車行必須在法人計程車公司工作10年。於是他進入東京無線計程車公司，踏出計程車司機的第一步。待在法人計程車公司的10年間，他的長子已經成為警察，獨立自主。2005年長岡先生通過個人計程車測驗，終於開設了個人計程車行。現在是擁有三顆星的優良個人計程車司機。

「我認為個人計程車最大的優點就是『能夠自由運用時間』。不只個

個人タクシー生活（東京）
http://members3.jcom.home.ne.jp/kojintaxi-tokyo/

長岡先生與他的計程車。車頂燈上的三顆星是優良司機的證明。

空車
NISSAN
練馬 300
あ 66-37

人私下的時間如此，連工作時間也可以依顧客的需求調整而有助於攬得顧客。」

另外，在法人計程車公司，車輛基本上是2人共用1台，而個人計程車行的特徵則是車輛可以獨自使用、規格也可以自己決定。長岡先生選擇車輛時重視的是乘客的滿意度。據說目前使用的車輛因為車內空間寬廣、內裝精緻而受乘客好評。另外，考慮到一台計程車報廢前會行駛40萬至50萬公里，車輛耐用程度是否可受長期信賴也是關鍵之一。

「在個人計程車行，自己不但是司機，同時是經營者，亦是行駛管理者。因此，自我責任和自我管理能力是非常重要的。」

雖然擁有許多自由，但相反的，如果沒辦法好好地實行自我管理，便難以持續下去。另外，由於自己是自僱業者，所以有一些不安要素，例如年金不再是厚生年金*、車輛故障時沒有替代車輛，車子修好之前無法營業等等。因此長岡先生總是準備好備用零件以因應車輛故障。能不能以積極的態度去因應這種緊張的感覺，是經營個人計程車行的重要關鍵。

原本，長岡先生將載有日記與照片的相簿分享給親朋好友，後來取代

*譯註：日本年金制度分為數類，自僱業者無法加入厚生年金，往後領到的年金也比一般可加入厚生年金的被僱者少。

相簿而開始經營的「個人タクシー生活（東京）」，現在也成為累計瀏覽人次100萬的熱門網站。網站上記載著許多關於計程車的配備、日記、開設個人計程車行的入門心得、可供一般司機參考的各種駕駛技巧等，專屬於個人計程車的有趣內容。

「透過網站承接客人的預約，和同業互相切磋，甚至曾經因網站而獲得計程車的零件。持續經營網站的過程中，認識了形形色色的人們。網站現在已經是我非常重要的溝通工具。雖然也有必須時常更新網站的壓力啦（笑）。」

針對同時也是網站名稱的「個人計程車生活」，長岡先生說：「經營個人計程車可以在想吃飯的時候吃飯、想睡覺的時候睡覺。相反地，必需嚴格落實規律生活，否則難以持續下去。然而，我深信個人計程車是我的天職。」從他的表情，能夠感受到個人計程車生活有多麼充實。

彈奏貝斯的長岡先生。

【Super Sign】
設置於計程車儀表板上對外顯示資訊的表示板。顯示板會顯示「空車」、「實車」、「回送」等等資訊。

【支払い】
到達目的地後，確定車資時計費表上所顯示的文字。車資支付完成後就會變回空車。

【出庫】
為了營業而自營業所及車庫出發的意思。

【白タク】
指未受認可的計程車。相對於計程車為綠色車牌，自家用車為白色車牌，因而有此說法。

【車內事故】
乘客因突然轉向、緊急剎車而在車內撞到身體的意思。

【車庫待ち】
在車庫待命，因應電話和顧客的需求出車的營業方式。⇧⇩流し。

【社名表示燈】
計程車車頂一定會裝設的表示燈。俗稱行燈。

【乘回】
即乘車次數。也稱為基本回數。

【乘車拒否】
指計程車司機拒絕顧客乘車。由於計程車是公共交通工具，若沒有不得已的理由，不允許拒絕載客。

【乘務員】
指行駛計程車的人。駕駛計程車必須取得汽車第二類駕駛執照。

【時間距離併用制】
主要以距離來計算車資，但當低於一定速度時，則切換為以時間計算車資的制度。

【深夜割増／深夜料金】
晚上10點至早上5點的加成費用之意。以計程車來說，並非車資增加2成，而是跳表距離減少2成。

【實車】
載客行駛的意思。和賃走同義。⇧⇩空車。

【實車率】
行駛過程中表示載客比率之數值。以實車距離除以行駛距離來計算。低於50％則判定為效率不佳。

【實働率】
表示計程車公司所有車輛裡，實際工作車輛比率之數值。以實際工作車輛除以擁有車輛來計算。

【殭屍】
想坐計程車的顧客攔不到計程車，到處招手之意。可於電車停止營運時的車站前和連假前一天的深夜看到，由於一群人招手的情景而稱作殭屍。

STORY 22

盡最大的可能、提升自我、貢獻一切

戸内大介（戸内計程車）

攝影、撰文／小金井圭太郎

「計程車就是我的人生。」現年44歲，個人計程車行戶內計程車的戶內大介笑著跟我說。

出生於琦玉縣川口市的戶內先生，據說年少時喜歡畫計程車與電車。日漸喜愛交通工具的他，小學2年級時曾經1個人坐上計程車。由於父親是牙醫師，父母親都期待他成為牙醫師。但因為雙親離婚、父親過世，原本順遂地成長的他，此刻才真正開始思考自己的未來。

高中畢業之後，他想無論如何先踏入社會認識這個世界，因而從事過許多兼職工作。「想成為某項職業的專家工作下去。」如此思考的他，選擇了從小時候就喜歡的計程車司機，當時他才22歲。「之所以選擇計程車司機，是因為我認為能夠靠著自己的努力，儘早成為獨當一面的專業人士。」

36歲時開設個人計程車行的戶內先生，擁有理想中的個人計程車願景。那就是「顧客第一」以及「與地方密切連結」。他的計程車雖然乍看只是普通的豐田皇冠，但有許多為乘客精心準備的設備，如地上數位電視12個頻道、空氣清淨機、wi-fi、行動電話充電器等等。因為他希望乘客們坐上自己的計程車後能夠感覺舒適，因而裝置了這些設備。

和位於鄰近，經常搭乘戶內先生計程車的開業醫生的合照

自家使用
多摩500
あ53-32
カード

另外，由於計程車停下以後，車資會因停止時間而增加，他也會注意在紅燈時掌握時機先行減速，使停車時間縮短、防止車資增加。

「注意不隨便飆車，勿使車體搖晃。不過客人無論如何都要趕時間的話就例外啦。以前曾經開快車到成田機場，那時候還被人家說像F1賽車手舒馬克一樣。當然還是有保持安全駕駛啦。」

戶內先生也參加了各式各樣的地方活動，例如和三鷹市聯合經營的插秧推廣、協助年輕人回歸社會的社區麵包坊、地區NPO活動等等。藉著參與地方活動，實際感覺到地方的樣貌一點一點地改變，從地方到整個社會逐漸變得更好。而在往返參加活動時駕駛計程車，讓地方的人們知道我在經營個人計程車行，也是一項優點。

「個人計程車行的司機能夠靈活調整時間，確保自由的時間。假如能把那些時間的一半貢獻給社會，那麼這個世界必定會變得更好。如果能和顧客以及地方的人們一起建設地方公共交通就太棒了。一邊經營個人計程車行，一邊密切地與地方互動，那就是我的『計程車人生』。」

戶內先生覺得未來的個人計程車有非常大的發展性。在今後的UD（通用設計）*社會中，計程車作為貢獻的角色，他正考慮換一台裝備

在社區麵包坊「風のすみか」與年輕人愉快地談論自己的經驗。

在三鷹市社會福祉協會的市民義工組織「ほのぼのネット」擔任組長。

*譯註：指無須改良或特別設計就能讓所有人使用的產品、環境及通訊。

有斜坡板、升降輔助器等設備的箱型車。而在觀光層面，他觀察日本的觀光資源，想以整體、長遠的眼光來思考東京計程車的發展。

他說：「對我來說，沒有比個人計程車司機更受惠於人的職業。未來也會盡全力、提升自我，將一切貢獻給顧客。但我並不是要單方面地強加給顧客，而是感受客戶所期待的，以不忘記服務顧客人生的態度，持續地駕駛計程車。」您要不要搭乘滿載戶內先生真誠心意的計程車，盡情觀光擁有美麗大自然的三鷹街道呢？

在保存著自然的三鷹和地區人士與小學生一同插秧

【20】
指暴力組織乘客。由於日語流氓（ヤクザ）的發音分別與8、9、3相似，三個數字合計為20。

【とぐろ巻く】
在車站等地的計程車乘車處排滿了等待乘客的計程車的情形。

【トン切れ】
指1天的營業額未滿1萬元。因1萬元又稱1噸（1トン）。與マン切り同意。

【大日本帝國】
日本4間大型計程車公司的俗稱。4間大型公司分別為「大和汽車」、「日本交通」、「帝都汽車」、「國際汽車」。另稱作四社。

【日報】
司機所寫的1日工作報告書（如行駛時間與行駛距離等等）。撰寫日報為法律所定之義務。也稱作駕駛日報。

【付け待ち】
在車站與旅館等地的計程車乘車處等待顧客的營業方式。

【棲木】
能夠等待客人的地點。

【定額制運賃】
車資和運行區段已於事先決定好的費用制度。使用於機場與車站等地之載送。

【流し】
一邊行駛計程車一邊尋找顧客的營業方式。反義為駅付け、車庫待ち。

【計程車中心】
辦理計程車司機之登錄、指導、研習、地理測驗、計程車乘車處之管理、顧客投訴與期望對應的機構。

【計程車計費表】
指計算車資的表。計程車內必定會裝置的設備。

【第二類駕駛執照】
駕駛計程車所需的執照。持普通駕駛執照（第一類駕駛執照）無法載送乘客。

【貨物倒塌】
乘客在當初所說的目的地之前就先下車的意思。

【著地】
指乘客下車的地點。⇧⇩發地。

【著發】
指乘客剛剛下車馬上就有別的顧客上車。

【賃走】
載客行駛之意。與實車同義。⇧⇩空車。

【蔥】
意即客訴。由於日文的客訴「苦情」音同京都名產九条蔥的「九条」，因而稱之為蔥。

STORY 23

如果能將人與人連結起來個性十足的卡拉OK計程車

坂本守浩（坂本計程車）

攝影、撰文／小金井圭太郎

敲擊裝在方向盤上的板子來練習打鼓。

休息時間，有位計程車司機拿著鼓棒，敲擊裝在方向盤上的板子來練習打鼓。打擊著輕快節奏的他，名字叫做坂本守浩，是個人計程車行坂本計程車的司機。

「無法想像沒有音樂的世界。」談論對於音樂的熱情理想，喜愛音樂的他，每個禮拜都會在東京都裡的練團室裡盡情演奏。這樣的坂本計程車所引以為傲的設備，是以平板電腦打造的卡拉ＯＫ。由於在車內即使大聲歌唱也不會影響別人，他認為恰好適合唱卡拉ＯＫ，所以就安裝上去了。但聽說真正在車上唱歌的人很少。

「難得設置了卡拉ＯＫ功能，沒有什麼乘客使用實在是很可惜。我還在摸索以後要如何讓乘客們在車上盡情地唱歌。像是外國的乘客會不會覺得很高興之類的。」

其他還包括後座是可以讓乘客悠哉放鬆的附腳靠座椅。坂本計程車的規格和其他計程車不同，有著獨特的風格。

出生、成長於福島縣的他，在高中輟學後，為了成為廚師，開始在仙台的高級日本料理店學習。但持續不到一個禮拜，他便返回福島，在迪斯可舞廳工作。此時，坂本先生決心將音樂當作工作來做，毫無計畫地

以平板電腦打造的卡拉ＯＫ設備。

前往東京。

在進行樂團活動的同時，他開始在貨運公司工作。然而，卻在工作時遭受追撞而受傷住院。康復之後，他感到體力不如以往，因此轉行成為不需要搬運重物的計程車司機。在計程車公司工作10年之後，他開了個人車行，現邁入了第9年。

「雖然我因為交通意外而成為計程車司機，但體力早晚會隨著年齡增加而衰退嘛，而且這份工作每天都會和許多人相遇。」

希望能將人與人之間連結起來的坂本先生，也管理著社群網站的即興演奏社團。在他的招集之下，長岡計程車的長岡先生、戶內計程車的戶內先生也一起進行樂團活動。之所以認識長岡先生，據說是透過他所管理的「個人タクシー生活（東京）」網站，而認識戶內先生則是因為在同一個車庫、年齡也相近，交談數次之後就熟了起來。

「因為我們是計程車司機樂團，所以練團室最重要的條件是要有寬廣的停車場。練團室的停車場排列著計程車的情況，在其他地方可能也看不到吧。」

另外，坂本先生在管理即興演奏社團的過程中，對於單身男女眾多以

即興演奏社團OTONA NO STUDIO http://c.mixi.jp/otonanosutajiokichijouji
結婚諮詢 TSUNAGARI http://tsunagari-sabishinbou.jimdo.com/

6814

及他們猶豫不定的態度感到焦急，因而開始擔任結婚諮詢顧問。

戶內先生說：「我覺得連結人與人之間的關係、邁向幸福的生活是有意義的」，並愉快地投入這份事業。

「我認為計程車不單單只是交通方式，最好還能夠提供療癒的空間。難得有緣載到乘客，希望他們能夠舒適地度過這段旅程。」

跨足計程車、音樂與結婚諮詢等多方面領域的坂本先生。從他的計程車上，能夠感受到他的人格特質。在移動過程中舒適地乘坐、唱卡拉OK、和司機愉快地聊天，這種計程車也不錯啊。

坂本先生、長岡先生與戶內先生三位計程車司機所組成的大叔樂團。

SONOR

【One Meter】
指起跳車資。亦指起跳費用內之行程。

【Long】
指長距離乘客。與一發、妖怪同義。

【ベタ】
指非高速公路的一般道路。或指行駛一般道路。也稱作地べタ。

【ばらまき】
讓數位乘客一個人一個人分別下車的意思。

【マン切り】
1天的營業額低於1萬元。與「トン切れ」同義。

【マンコロ】
指超過1萬日圓以上的長距離乘客。與「マンシュウ」同義。

【水揚げ】
指營業額。原指漁夫的漁獲價位，此為轉用。

【未收】
以現金以外的方式（計程車券或信用卡）收取車資。⇧⇩現收。

【有線】
意指電話。相對於裝備在計程車上的無線電。

【防護板】
裝設在駕駛座與後座之間的隔板。為防止計程車搶劫而設置。

【法人計程車】
由公司營運的計程車。依不同地區訂有最低計程車數量的限制。⇧⇩個人計程車。

【初乘り】
最初坐上計程車時顯示的起跳費用。在東京為730日圓（上限）、行駛距離為2公里內。

【計費表檢查】
法律規定1年需要檢查1次。

【姬】
女性乘客之意。

【發地】
載客場所。⇧⇩著地。

【無線配車】
在營業所用無線電指示出車中的計程車行駛至乘客指定地點。

【鼻番】
在計程車乘車處等待的順序位於第一的意思。⇧⇩けつ番。

【豪華計程車】
在營業所和車庫接受客人的委託而出車、派遣車輛之意。豪華計程車禁止巡迴攬客。

【鮪魚】
指不擅於定點待客，專門巡迴攬客的司機。因為鮪魚如果不一直游，就會窒息死亡，因而有此稱呼。

STORY 24

支撐著日本空中交通的3位豪華計程車司機

塚本賢二（EASTERN AIRPORT MOTORS）
中谷寬司（EASTERN AIRPORT MOTORS）
佐藤光千雄（EASTERN AIRPORT MOTORS）

攝影、撰文／藤原祥子　青木千惠子

EASTERN AIRPORT MOTORS 98%的顧客都是機場相關工作人員。

駕駛資歷26年的塚本先生。

日本的玄關——羽田機場。在那裡，有一家以載送機場相關工作人員上下班為主要業務的豪華計程車公司。即唯一在羽田機場第二航廈裡設有營業所的豪華計程車公司EASTERN AIRPORT MOTORS。

「說來或許平淡無奇，但當我感受到乘客對於我的小小用心，打從心底地向我說謝謝時，就覺得當司機真是太棒了。」49歲的塚本賢二，向我訴說豪華計程車司機的工作價值。從千葉縣當地的高中畢業之後，他加入自衛隊並待滿4年任期，然後進入EASTERN AIRPORT MOTORS，至今為資歷26年的資深司機。

「我本來也就喜歡開車，而當時我們公司裡有許多人都是從自衛隊出來的。大概每5人就有1人。」

他靦腆地摸著老婆幫他染的頭髮，一邊笑說：「最近白頭髮變多了，我上個禮拜才染過頭髮。」在EASTERN AIRPORT MOTORS，因為考量在行駛過程中，坐在後座的乘客會看到司機背後的模樣，正面就更不用說了，因此總是會留意全身的儀態。實際上，包含塚本先生在內，所有EASTERN AIRPORT MOTORS的司機都令人感覺整潔高雅。

塚本先生從事計程車工作以來，最辛苦的是東日本大地震的時候。

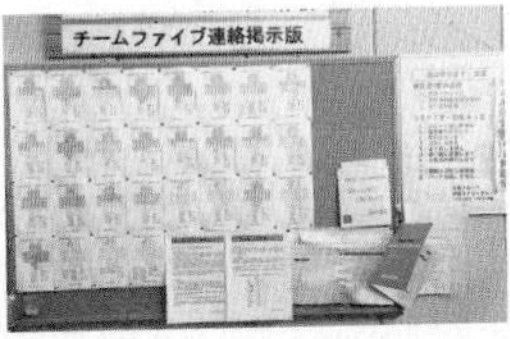

在公司內利用公佈欄共同分享資訊。

連續超過一個禮拜，高速公路封鎖、一般道路也因為塞車而動彈不得。如此情況之下，只要飛機持續飛行，就不能停止載送機場相關工作人員。「當時比平常更用心判讀道路狀況、計算時間來開車」，塚本先生如此說明。我從他身上感受到無論在什麼道路狀況之下都要將乘客送達目的地的使命感。

「工作上最重要的是體力和忍耐力。而工作經驗會豐富它們的色彩」。這是在這一行待了26年的塚本先生才說得出來的至言吧。

「儘管不能逾越和顧客之間的關係，但若感到彼此間距離稍微拉近時就覺得很高興。」

在EASTERN AIRPORT MOTORS工作10年的佐藤光千雄認為，對於任何事情都積極投入才能將工作做好。他參加了公司的棒球隊，有時也會和機場相關工作人員比賽。

他在10年前從觀光公車司機轉行為豪華計程車司機。由於擔任公車司機時工作時間不固定，沒能挪出什麼時間和家人相處。但是，現在的工作變成固定時間，和家人相處的時間也變多了。

「從之前的公司來到這裡，當能夠去到以前沒辦法參加的小孩的課程參觀和運動會時，就覺得來到這裡真是太棒了。現在小孩還會躲我咧。」

佐藤先生溫柔地笑著，他的笑容令人聯想家庭中溫柔的爸爸。因為有應該守護的家人，才能夠努力認真地工作吧。

持續在EASTERN AIRPORT MOTORS工作了7年，45歲的中谷寬司在15年前，曾在其他公司擔任豪華計程車司機4年。中谷先生說，他的天職不是計程車，而是豪華計程車。

「在既定的時間去迎接既定的顧客，送到既定的地點。我認為這非常適合我」

在EASTERN AIRPORT MOTORS裡，每位顧客喜歡的路線和駕車方式等資訊都公開分享，即使司機不同也能夠提供相同的服務。

「以巡迴攬客為工作重點的計程車，辛苦的地方如必須自己尋找顧客，每一次的目的地都不一樣。而豪華計程車則會因為駕駛品質和對道路的熟悉程度等，公司內司機之間的比較而產生壓力。雖然雙方都有辛苦之處，但我認為是有價值的工作。」

中谷先生說，他小時候的夢想是成為飛行員。載送乘客的過程中，也

佐藤先生說，他領略到了豪華計程車司機的工作意義。

會和機場相關工作人員自然地聊起天來。愉快地和中谷先生聊天的乘客也一定很多。

黑得閃閃發亮，完美拋光的豐田皇冠、整潔感十足的司機。他們最為堅持的，就是徹底的安全意識。

「比起營業額，我們更重視安全。安全若做得確實，營業額便會跟著增加。顧客的幸福是最重要的。但若員工不幸福，也就沒辦法使乘客幸福」

不被眼前的利益所誘惑，以乘客的安全為第一考量的EASTERN AIRPORT MOTORS的目標是成為「日本第一的豪華計程車公司」。從3位司機身上，感受到他們肩負著如此目標的強烈信念。

中谷先生說做好工作的秘訣是「無論什麼工作都積極投入。」

STORY 14▶Town Animal Portet（TAP）
〒143-0015　東京都大田区大森西1-1-15
TEL:090-8119-5276

STORY 15▶黑田計程車（川崎個人計程車工會）
〒210-0837　川崎市川崎区渡田2-19-11
TEL:044-366-0794

STORY 16▶多摩川豪華計程車股份公司
〒213-0001　神奈川県川崎市高津区溝口3-19-12
TEL:044-833-2361

STORY 17▶股份公司夢交通
〒121-0051　東京都足立区神明2-7-18
TEL:03-3628-4270

STORY 18▶股份公司HELLO TOKYO（總公司・配車中心）
〒135-0015　東京都江頭区千石3丁目1-1
TEL:03-5653-7921

STORY 19▶日之丸交通深川營業所
〒135-0003　東京都江東区猿江1-9-7
TEL:03-3814-1111

STORY 20▶佐佐木計程車（東京都個人計程車工會板橋第一分部）
〒175-0082
東京都板橋区高島平9丁目1番1号
TEL:03-3935-6511

STORY 21▶長岡計程車（東京都個人計程車工會野方分部）
〒165-0022　東京都中野区江古田1-40-20
TEL:03-3388-0317

STORY 22▶戸内計程車（東京都個人計程車工會武三分部）
〒181-0004　東京都三鷹市新川3-21-18第二若草ハウス203
TEL:0422-46-9753

STORY 23▶坂本計程車（東京都個人計程車工會杉並分部）
〒181-0004　東京都三鷹市新川5-5-9 クローバーハイツ102
TEL:0422-29-9155

STORY 24▶EASTERN AIRPORT MOTORS股份公司
〒144-0042　東京都大田区羽田旭町1-3
TEL:03-3742-7845

收錄計程車公司一覽（依記載順序）

STORY 1▶八南交通股份公司總公司營業所
〒192-0906　東京都八王子市北野町192-1
TEL：042-642-3371

STORY 2▶日立汽車交通第二股份公司
〒120-0005　東京都足立区綾　6-11-22
TEL：03-3605-5181　URL：http://www.hitachi-gr.com

STORY 3▶共和計程車有限公司
〒401-0501　山梨県南都留郡山中湖村山中58
TEL:0555-62-1313　URL:http://kyowa-taxi.jp/

STORY 4、5▶LIMOUSINE TAXI股份公司
〒179-0081　東京都練馬区北町5-4-18スプリングカーサ101
TEL:03-3550-5744　URL:http://limousine-taxi.co.jp

STORY 6▶東京MK股份公司
〒105-0004　東京都港区新橋6-9-4　新橋六丁目ビル3階
TEL:03-5547-5547　URL:http://www.tokyomk.com

STORY 7、9▶Royal Limousine股份公司
〒136-0071　東京都江東区亀戸7-4-1
TEL:03-5627-6184　URL:http://www.royal-lim.com

STORY 8▶松原計程車（日個連東京都營業工會城北分部）
TEL:03-3821-5665

STORY 10▶STADIUM交通股份公司
〒222-003　神奈川県横浜市新横浜2-17-24
TEL:045-472-6081　URL:http://www.stadium-kotsu.jp

STORY 11▶輪島計程車
TEL:090-3248-7240

STORY 12▶東京SAKURA
〒108-0075　東京都港区港南3-9-33
TEL:080-4182-9177　URL:http://www.tokyosakuratour.com

STORY 13▶秩父豪華計程車股份公司
〒368-0031　埼玉県秩父市上野町2-8
TEL:0494-24-8180

photo/ Suzuki Yoshino

photo/ Motoyama Toshihiro

防犯カメラ作動中
TOKYO 2020

oto/ Tsuruoka Makoto

photo/ Tsuruoka Makoto

後記

酒喝過頭而錯過末班電車的時候，身體不舒服去醫院的時候，在旅遊地點請人導遊的時候，天氣不好不想走路的時候，時間不夠急急忙忙的時候……

這種時候我們遇見的，就是計程車司機。

到達目的地為止的短暫時間裡，有時是我們的說話對象，有時則靜靜地守護著我們，到達目的地後，則是離別在等待著。

世界上的變化、好吃的餐廳、漂亮的景色，計程車司機知道的事情包羅萬象。這樣的計程車司機是些什麼樣的人們呢？本書即基於此想法而誕生。

在此鄭重感謝所有協助採訪的計程車司機、計程車公司以及所有相關人員。

Beretta（小金井圭太郎）

青木千惠子　Aoki Chieko

1983年生。她和既是俳句詩人也是教導她拍照的已卒祖父同為6月25日生。由於父親工作的關係，學生時代於德國南部度過。逃離了考試地獄，過著悠閒的生活，對於自我表現、自然環境、少數派意見、藝術、戲劇、文學抱持興趣。在已經工作7年的電子通信機器製造公司工作的同時，也到劇本教室上課。目前透過自學提升攝影技術。（STORY 18、24）

天井克生　Amai Yoshio

1973年生於石川縣七尾市。現在除攝影外，亦身為醫事放射師，從事著醫療相關工作。醫療世界中的圖像也全都是數位檔案。他從以前就對於攝影和圖像工程感到興趣。隨著照片數位化，越來越想要實現夢想，而投入攝影的世界。以成為跨足攝影和醫療的攝影師為目標。擅長領域為肖像攝影和寫實抓拍。夢想是拍攝古典音樂界大師的專輯封面。（STORY 15、16、19）

天川夏希　Amakawa Natsuki

1990年生，成長於千葉縣。以「LOVE&HAPPY」為題，持續拍攝新婚夫婦、情侶、舞者、音樂家、表演者們。作品包含在印度旅行途中所拍的「All NEED IS LOVE」。她以在照片中傳達「愛」、將活在瞬間的「愛」變成永遠、傳達至未來、呈現非造作而為原原本本的「真實」當作自己的使命。她是深愛千葉縣與南國的肖像攝影師。（STORY 11）

瓦萊利・曼西尼　Valeria Mancini

愛沙尼亞出身的攝影師。1983年生。畢業於愛沙尼亞藝術學校、凡達時尚設計學校。會說母語愛沙尼亞語及日語、英語等4種語言。目前身為時尚模特兒、藝人於東京活動，同時也活躍於攝影界。以穿著婚紗的黑人少女照片奪得獎項。（STORY 2、9、14）

小金井圭太郎　Koganei Keitaro

出生、成長於橫須賀。如同其他橫須賀人，受美國文化影響長大。在二手服飾店工作的同時，開始從事攝影工作。拍攝以美式風格呈現的天空、大海、自然與交通工具的照片。在這個網路時代，於二手服飾店擔任商品攝影師，過著每天和人體模型戰鬥的日子（STORY 21、22、23）

鈴木芳則　Suzuki Yoshinori

1977年出生於東京。18歲至22歲時在北阿爾卑斯的山間小屋工作，從那時候開始拍攝山嶽與風景相片。後來當過道路標誌設置工人、土木施工管理技士，但公司卻不幸倒閉。先前將相機換成數位相機，投入於寫實抓拍。35歲時進入攝影界。現在持續以時尚風格切割自然與都市景觀等國家風土的兩種面相來進行創作。（STORY 1、3、8）

谷崎裕子　Tanizaki Michiko

１９７３年出生於福岡縣，成長於千葉縣。取得合氣道初段與著付師（和服穿衣老師）２級證照。29歲時因公司解散，藉此機會到英國學習語言１年。後來，在朋友推薦下到聖雅各朝聖者之路，走完巡禮西班牙的法國之路７５０公里後回國。後來回到職場，２０１０年抱著被解雇的決心請了長假，再次巡禮西班牙，以34天制服銀之路１００７公里。在路途中一邊行走一邊拍照，遇見的人們是她這一生的寶物。目前在規劃下次的巡禮路程。（STORY ２、９、12）

鶴岡 真　Tsuruoka Makoto

神奈川縣橫濱市出身。YMCA海洋科學專門學校、東京寫真學園畢業。攝影工作室BlueMarble的代表。２０１１年自流行服飾業轉行。拍攝以寂靜、清爽為題，以水為原型的作品，以及呈現存在日常生活中不為人注意的景色。在商業部分，主要經營以流行服飾為主的商品攝影、人物攝影。http://makototsuruoka.com（封面、STORY ４、５、10）

藤原祥子　Fujiwara Shoko

出身於靜岡縣，１９８７年生。因升大學而前往東京，畢業後在食品相關企業工作。２０１３年辭職後，搭上和平之船(Peace Boat)進行環繞地球一圈的遊輪旅程。在船上第一次把玩了朋友的單眼相機，因漂亮的畫質而感動。並趁著旅行途中，在香港購買了人生中第一台單眼相機。回國後，一邊在自由之丘工作室工作，一邊在攝影學校學習攝影。目前擔任個人攝影師助理，為了成為靜物攝影師而每天辛苦奮鬥中。（STORY 11、24）

二見翔太　Futami Shota

１９８９年出生於神奈川縣厚木市。幼稚園時開始學習劍道和網球，學生時代熱衷運動。大學時看到姊姊的婚紗照深深感動，而踏上了攝影師之路。因曾在戶外用品商店打工而熱愛登山，主要拍攝自然風景照，以「樹」為主題創作。同時也對靜物攝影有興趣，決心成為工作室攝影師。（STORY 13、17、20）

本山敏博　Motoyama Toshihiro

１９５８年出生於福岡縣福岡市。高中畢業後，到東京的大型ＩＴ企業工作。在專門學校學習攝影與影像後辭職，以自由攝影師的身分開始從事攝影。以拍攝人物為主，終身職志為拍攝出生故鄉福岡的街道與人物。（STORY ７）

國家圖書館出版品預行編目資料

東京運將／ Beretta 作；
陳振皓翻譯. -- 第一版. -- 新北市：人人，
2017.03 面；公分 （人人趣旅行；51）

譯自：東京タクシードライバー
ISBN 978-986-461-089-1（平裝）

1.計程車業 2.日本東京都

489.41 105024796

【人人趣旅行51】
東京運將

作者／Beretta
翻譯／陳振皓
編輯／林德偉
發行人／周元白
出版者／人人出版股份有限公司
地址／23145台北縣新店市寶橋路235巷6弄6號7樓
電話／（02）2918-3366（代表號）
傳真／（02）2914-0000
網址／http://www.jjp.com.tw
郵政劃撥帳號／16402311 人人出版股份有限公司
製版印刷／長城製版印刷股份有限公司
電話／（02）2918-3366（代表號）
經銷商／聯合發行股份有限公司
電話／（02）2917-8022
第一版第一刷／2017年3月
定價／新台幣 320 元